KB211319

Chinese Cuisine

중식조리

한재원·김덕한·장상준 공저

🅑 (주)백산출판사

서문

　중국은 중화 5천 년의 오랜 역사라고 얘기한다. 중화사상은 소수민족으로 이루어진 중국을 하나로 묶는 역할과 세상의 중심은 중국이라는 자부심을 심어준다.

　중국의 역사에서 보면 많은 왕조의 교체와 전쟁이 있었으며 이에 요리 역시 매우 빠른 성장과 한편으로는 느린 성장의 역사를 가지고 있다. 그렇지만 중국의 음식문화는 세계에서 가장 화려하고 먹거리가 풍부한 나라 가운데 하나이다. 넓은 면적과 다양한 기후는 많은 식재료를 요리에 응용할 수 있는 계기가 되었으며, 날아다니는 비행기와 책상을 제외하고는 모두 식재료로 응용이 가능하다는 얘기가 있을 만큼 먹거리에 활용되는 식재료의 종류도 매우 풍부하며 다양한 소스의 접목과 새로운 조리법의 다양한 개발은 중국요리를 전 세계 음식으로 바꿔놓는 계기가 되기도 하였다. 현재 중국은 개혁과 개방으로 인하여 빠른 경제성장을 이루고 있으며 이에 발맞춰 음식 역시 서구화와 전통의 공존을 병행하고 있다. 또한 최근에는 건강에 대한 관심의 증가로 인하여 기름지고 느끼한 맛이 있는 중국음식도 기름을 적게 사용하고 담백한 음식으로 바뀌는 모습을 보이기도 하며 먹는 것과 약은 하나의 뿌리에 근간을 두고 있다고 하는 약식동원의 사상 속에서 약선과 같은 건강식에 많은 관심을 보이고 있기도 하다.

　이 책이 중국요리에 대한 모든 부분을 설명하기는 어렵지만 중국의 음식문화에 대하여 이론적으로 알아야 할 부분과 조리실무 현장에서 필요한 부분들을 다루고 있어 조리 종사원이나 중국요리에 관심을 가진 분들에게 도움이 되리라 생각한다.

　많은 노력에도 불구하고 아쉽고 미진한 부분이 있지만 연구를 통하여 계속해서 수정 보완하여 중국요리에 대한 궁금증과 이에 대한 해법을 제시하겠습니다.

저자 한재원

Part 1 이론편

Part 2 실기편

Part 3 고급요리

Part

01

이론편

제1장 중국요리

중국의 황화문명은 4대 문명의 주축을 이루고 있으며, 중국은 오랜 역사를 지니고 있는 중화 5천 년의 오랜 역사라고 흔히 얘기한다. '중화(中華)'사상은 소수민족으로 이루어진 중국을 하나로 묶는 역할과 세상의 중심은 중국이라는 자부심을 심어준다. 중화사상에는 이념과 정치 · 경제 · 문화뿐 아니라 음식문화도 세계에서 제일이라는 자부심이 들어 있다. 중국인은 우리가 일반적으로 표현하는 '의식주'가 아닌 '식의주'라고 표현한다. 이는 먹는 것의 중요성은 모두가 인식하고 있지만 직접적인 표현은 중국인들이기에 가능한 것으로 보인다. 또한 중국인들은 '약식동원(藥食同源)'이라 하여 먹는 것과 약은 같은 뿌리를 가지고 있다고 하는데 이 사상은 고대로부터 먹는 것의 중요성을 인식하고 있었다고 볼 수 있다. 배불리 먹는 것은 인간의 가장 기본적인 욕구인 동시에 이를 충족시킴으로써 나라가 안정되고 백성들이 평화로우며 이는 새로운 요리의 발전을 이루게 하는 계기가 되어왔다.

중국은 오랜 역사에서 매우 많은 왕조의 교체를 가져왔으며 이 과정에서 전쟁의 역사를 피할 수 없었다. 이는 요리의 발전과 요리의 쇠퇴가 함께 공존하는 모순된 점도 병행된다. 이처럼 중국은 여러 왕조와 귀족들의 식습관의 영향으로 많은 조리법과 다양한 식재료의 발굴 및 조리기술의 발달이 있었다. 대표적인 예로 주지육림(酒池肉林)이나 청대의 만한전석(滿漢全席)이 중국요리의 발달에 지대한 영향을 끼친 것은 부정할 수 없는 사실이다. 왕과 귀족들의 연회에서 만들어지는 음식은 모두 다 화려하고 풍부하며 진귀한 것들이 많았으며 이런 요리들이 민가나 음식점으로 유입됨으로써 오늘날의 중국요리로 정착하게 된 계기가 되었다. 넓은 국토 면적과 열대와 아열대, 한대 등의 다양한 기후는 많은 식재료를 요리에 응용할 수 있는 계기가 되었으며, 날아다니는 비행기와 책상을 제외하고는 모두 식재료로 응용이 가능하다는 얘기가 있을 만큼 먹거리에 활용되는 식재료의 종류도 매우 풍부하며 소스의 다양한 접목과 새로운 조리법의 개발은 중국요리를 전 세계 음식으로 바꿔놓는 계기가 되기도 하였다. 또한 서양의 조리법이나 소스를 받아들여 중국화함으로써 전 세계인의 입맛을 사로잡는 계기가 되기도 하였다.

이처럼 현재도 중국의 요리는 세계인의 입맛을 사로잡고 있으며 앞으로도 다양한 종류의 요리가 선보일 것이라고 생각한다.

제2장 중국요리의 역사

중국은 중화 5천 년의 역사라는 별칭을 가지고 있으며 이는 요리의 역사 역시 유구하다는 것을 알 수 있다. 잦은 왕조의 교체로 토착민과 이주민 사이의 많은 요리법이나 식재료의 왕래가 있었다는 것을 알 수 있으며 왕조의 교체 때마다 많은 풍습과 식문화도 동화되거나 확산되어 정착되었다. 이는 중국요리사에서 매우 중요한 상황이라고 할 수 있다.

1. 연대별로 정리한 중국사

국 가		연 대
하(夏)		약 BC 21세기–약 BC 16세기
상(商)		약 BC 16세기–약 BC 1066년
주(周)	서주(西周)	약 BC 1066년–약 BC 771년
	동주(東周)	BC 770년–BC 256년
	춘추(春秋)	BC 770년–BC 403년
	전국(戰國)	BC 403년–BC 221년
진(秦)		BC 221년–BC 206년

국 가			연 대
한(漢)	서한(西漢)		BC 206년–AD 23년
	동한(東漢)		AD 25년–220년
삼국(三國)	위(魏)		220년–265년
	촉(蜀)		221년–263년
	오(吳)		222년–280년
진(晋) 16국(十六國)	서진(西晋)		265년–316년
	동진(東晋)		317년–419년
	16국(十六國)		304년–439년
남북조(南北朝)	남조 (南朝)	송(宋)	420년–479년
		제(齊)	479년–502년
		양(梁)	502년–557년
		진(陳)	557년–589년
	북조 (北朝)	북위(北魏)	386년–534년
		동위(東魏)	534년–550년
		북제(北齊)	550년–577년
		서위(西魏)	535년–557년
		북주(北周)	557년–581년
수(隋)			581년–618년
당(唐)			618년–907년
오대십국(五代十國)	후양(后梁)		907년–923년
	후당(后唐)		923년–936년
	후진(后晋)		936년–946년
	후한(后漢)		947년–950년
	후주(后周)		951년–960년
	십국(十國)		902년–979년
송(宋)	북송(北宋)		960년–1125년
	남송(南宋)		1127년–1279년

국 가	연 대
요(遼)	907년–1121년
서하(西夏)	1032년–1227년
금(金)	1115년–1234년
원(元)	1260년–1370년
명(明)	1368년–1644년
청(淸)	1636년–1911년
중화민국(中華民國)	1912년–1949년
중화인민공화국(中華人民共和國)	1949년 10월 1일 성립

2. 시기별 중국요리의 역사

중국요리는 일반적으로 불을 사용하면서부터 천천히 오랜 발전 과정을 경험하였으며 이것을 근거로 네 단계의 시기로 나눠 볼 수 있다.

(1) 싹트는 시기 : 오랜 석기시대
(2) 형성 시기   : 신석기시대
(3) 발전 시기   : 하나라(夏), 상나라(商), 주나라(周) 시기
(4) 번영 시기   : 진나라(秦) 때부터 한나라(漢)를 거쳐 현재까지

1) 싹트는 시기(萌芽 時期)

불을 이용하여 음식을 익혀 먹으면서 요리 발전의 기점이 되었다. 산서예성서후도(山西芮城西侯度)문화 유적에 보면 뼈를 태워서 보존하는 방법이 있는데 이것은 지금부터 180만 년 전 인류가 초기에 불을 이용하여 음식을 익혀 먹었을 것이라는 증거가 된다.

중국 학술계의 결론은 약 50만 년 전의 북경인(北京人)이 이미 능숙히 불을 관리하고 또한 음식을 익혀 먹는 방법에 대해서도 알고 있었다고 한다.

주구점(周口店)북경인의 유적에서 불의 사용과 보존을 알고 있는 것으로 발견되었으며, 이것을 바탕으로 추론하여 보면 중국인의 불 사용에 세 단계 발전이 있었다.

① 자연불의 이용

인류는 생활하면서 음식을 생것으로 먹는 것보다 익혀 먹는 것이 더 맛있다는 것을 알게 되었으며 점차 진일보하여 불에 익혀 먹는 방법을 배웠는데, 바로 이것이 요리의 기원이라고 할 수 있다.

② 보존과 불의 전파

인류는 처음에는 자연에 있는 불을 이용을 하였으며 초기는 불을 보존하는 방법을 몰랐으나 그 이후 점차 마른 장작이나 동물의 뼈를 불씨 위에 올려서 계속 불을 유지하는 방법을 터득하였다. 불씨를 계속 사용하기 위하여 구덩이를 파서 그 안에 불을 넣어 보존하기도 하였다. 그 이후 발전을 하여 동굴 내에 화로를 만들어 사용하였으며 이동할 때에는 나무에 불을 붙여서 옮기는 방법을 터득하였다.

③ 인위적으로 불을 얻음

중국인들이 인위적으로 불을 얻은 시간은 이전에는 합당한 학술이 없었다. 다만 민간 설화에 수인씨(遂人氏)가 불을 나누어주었다고 하는 구전이 있다. 그러나 많은 학자들은 대략 석기시대 후기로 추정하고 있을 뿐이다.

인류 최초의 익은 음식 가공 기술은 음식물을 직접 태우거나 굽는 것이었다. 이것을 '불의 요리법'이라 일컫는다. 불을 이용한 요리 방법은 약 1만 년 동안 지속되었으며 불을 이용한 요리의 방법은 계속 진보하였으며 음식물을 나뭇잎으로 감싸는 등의 요리 방법도 출현하였다. 이것은 사냥한 동물의 사체를 나뭇잎이나 풀로 감싸고 진흙을 발라서 다시 불로 태우고 굽는 것인데 이것은 그 이후에도 비슷한 종류로 계속 유지되었는데 바로 돌 요리법이 그것이다. 그리고 돌멩이를 이용한 또 다른 방법은 구덩이를 파고, 동물의 뼈나 껍데기로 표면을 두른 후, 흙이나 이물질이 들어가지 않게 한 후, 물을 채우고, 그 안에 재료를 집어넣는다. 그런 다음 불에 태운 돌멩이를 물 안에 많이 넣고 물을 끓여서 음식물을 익혀 먹는 방법이다. 이렇게 음식물에 열을 가해 익은 이후에 맛이 한층 더 개선되었음을 알 수 있다. 게다가 생식을 하던 때보다는 병균과 기생충이 많이 소멸되었고, 또한 소화와 흡수에 유리하였으며 점차 여러 질병이 감소하였다. 이렇게 석기시대 후기 식품 가공 기법은 서툴고 원시적이었지만, 야만에서 벗어나 문명으로 진입하는 지표가 되었다.

2) 형성시기(形成時期)

오랜 석기시대의 말기에 이르고 신석기시대 초기에 진입하여 오면서 토기가 출현하였다. 이것은 인간들이 불을 사용하는 과정 중에 일부분의 흙에 열을 가하면 흙이 단단해진다는 것을 알게 되었다. 이것이 원시적인 토기 제작이 시작된 것으로 추정되며, 화북(華北)지역에 일찍이 1만 년 전 이미 토기가 존재하고 있었다고 한다. 그 증거로 화중지역 강서만년현선인동문화(江西万年縣仙人洞文化)에는 토기가 지금까지 보존되어 있으며 이곳의 한 토기 조각을 분석을 한 것에 의하면 지금으로부터 8천8백 년 정도로 추정된다. 이렇듯 토기의 사용은 열과도 관계가 있지만 또한 요리와도 많은 일치가 된다.

신석기시대에는 돌칼, 돌도끼 사용 이외에 조개 칼, 뼈로 만든 칼을 사용하였다. 이들의 가장 중요한 특징은 모두 자연적인 것이 아니라 인간들이 갈아서 만들어 사용한 것이었다. 그리고 맷돌과 절구, 토기 도마 등도 있었다. 그리고 이 시기에는 농업이 발전하여 곡물이 대량으로 유입되고, 아궁이 형태를 갖춘 부엌도 출현하였다.

그리고 대문구(大汶口)문화 시기 약 5천 년 전에 시루 형태의 것이 출현하였는데 이것은 증기를 이용하여 음식을 만들었다는 지표로 볼 수 있으며, 토기 가마솥(죽을 끓이는 용도), 시루(밥을 하는 용도) 등은 주식의 골격이 형성되었음을 얘기한다.

앙소시기(仰韶詩期) 문화에는 채색무늬 토기(彩色土器)가 발견되기도 하였다. 또 이 토기 시기에 인간은 바닷물을 끓여서 소금을 얻는 법을 알고 있었으며, 앙소문화(仰韶文化)와 대문구문화(大汶口文化) 모두 과일이나 곡물로 대량의 술을 만들었던 기구 또한 출토되었다. 이것은 이 시기에 이미 대량의 술을 양조하는 기술이 있었음을 알 수 있다.

3) 발전시기(發展時期)

청동기시대의 요리의 발전은 먼저 토기 경험을 기초로 하여 제련(冶煉)하는 기술을 습득함에서 비롯되어 4천 년 전에 청동기 제작을 시작한 것으로 추측되며 하나라(夏), 상나라(商), 주나라(周) 삼국이 바로 청동기요리 시기라고 말할 수 있다. 그러나 이러한 상황에서도 계급의 격차가 있어 일반 평민들은 여전히 토기를 사용하였고, 귀족은 청동으로 만든 요리 기구를 사용하였다.

하나라(夏) 초기에는 홍수 방지를 위해 많은 노력을 하였는데 이때는 요리의 발전이 조금 느렸으나 상나라(商) 때부터 서주(西周) 때까지 일정한 수준으로 발전했으며 이 시기에는 음식 또한 안정을 갖추게 되었다. 동주(東周)에 이르러

- 6마리의 동물 ː 말, 소, 양, 닭, 돼지, 개
- 6마리의 가금류 ː 메추라기, 꿩, 닭, 오리, 기러기, 백조
- 5가지 곡식 ː 벼, 기장, 보리, 메기장, 조
- 5가지 과일 ː 밤, 자두, 살구, 복숭아, 대추

요리 기구는 청동기로 밥을 짓거나 음식을 익히는 기구들 이외에 동으로 만든

칼, 그리고 5개의 화덕이 있는 주방이 있었다. 또한 대량 가공 양식의 도구로써 맷돌이 출현하였다.

그리고 다른 구조의 형태가 다양한 것이 많이 출현하였다. 또한 다양한 무늬 장식은 정결하고, 아름다움을 주었으나 이러한 것은 후대에는 보기가 드물었다. 이것은 음식의 중시와 그 이외에 음식의 아름다움을 추구하는 하나의 방면이 반영된 것으로 보인다. 그리고 여기서 볼 수 있는 또 하나의 특이한 점은 청동기시대에 고온의 기름 요리가 시작이 되었음을 알 수 있으며 동으로 된 얇은 형태의 칼 도구도 함께 출현하였다. 이것은 중국의 칼 공예 기술이 점진적인 생산이 이루어졌다는 것을 알 수 있으며, 춘추(春秋)시대에 이미 식품에 간단하게 조각한 것이 있었으며 원시 얼음실의 출현으로 식재료에 대한 냉장이 시작되었다.

4) 번영시기(繁榮時期)

중국은 춘추(春秋)시대에 이미 철로 만든 다리가 3개 달린 철 그릇이 있었는데 전국(戰國) 이후 특히 진나라(秦)에서 한나라(漢)까지 철기구가 보편화되었다.

> 진나라(秦)와 한나라(漢), 남북조(南北朝) 시기 철기 사용의 초기
> 수나라(隋)에서 남송(南宋)까지의 철기 사용의 중기
> 원나라(元), 명나라(明), 청나라(淸) 시기 철기 사용의 후기
> 신해혁명(辛亥革命) 이후에서 오늘날까지를 현대로 분류할 수 있다.

① 진한에서 남북조까지의 요리

진한(秦漢) 시기에 농업 생산에 있어 철제 농기구가 널리 확대 진보하였다. 게다가 서한(西漢) 초기 70년 동안은 휴양생식(休養生息) 때문에 생산이 발전하였고, 요리 역시 발전이 가속되며 그로 인하여 음식시장이 많이 번성하였다. 그 이후 동한(東漢)에서 서진(西晉)과 동진(東晉)에 이르기까지 몇 차례 큰 전쟁이 있

었는데 그 때문에 요리가 정체되는 현상이 있었으나 남북조(南北朝) 시기에 들어 상대적으로 나라가 안정되어 많은 회복과 발전이 있었으며 요리 역시 상당한 발전이 있었다.

② 수나라에서 남송까지의 요리

이 시기에는 노동 생산력에 의해 신속하게 많은 발전이 이루어졌고, 국가의 통일 이후 점차 나라가 강성해지고 요리기술이 발전했다. 당나라(唐) 초기 요리 기술이 장안(長安)과 낙양(洛陽)에 집결되어 있었으나 번성시기의 당나라로부터 말기의 당나라까지 대운하로 인하여 양주(揚州)가 요리 기술의 중심을 이루었다.

북송(北宋) 시기에는 개봉(開封)의 요리 기술이 가장 풍부하였으며 송나라가 수도를 남쪽으로 천도한 이후 요리 기술의 중심도 남쪽으로 이동하여 임안(臨安)까지 이르렀다. 요리 기술의 중심이 이동하면서 각 지방음식의 많은 교류가 형성되었고, 요리 기술 발전이 촉진되었다. 이 시기 황하 유역의 북미(北味)가 계속 발전되었고, 장강(長江) 중·상류의 사천맛(川味)인 남미(南味)가 출현하였다.

중·하류의 회양(淮揚)맛과 영남(嶺南)의 월미(粤味) 등의 요리 계통 분야가 명백화되었다. 이 시기의 연회석에는 해산물이 많이 등장하여 어두(魚肚=부레), 어진(魚辰=입술) 등이 궁정(宮廷)의 황제의 식사에 많이 등장하였다. 또한 이민족 음식이 중원으로 진입되어 티베트와 한족의 음식 교류가 있어 한족 음식이 티베트로 진입하였고, 티베트 음식이 중원으로 들어왔다. 당대(唐代)에는 새롭고 편리한 음식 조리를 위해 칼 기계가 출현하여 요리 작업 능률을 향상시켰다.

③ 원나라에서 청나라까지의 요리

이 시기는 중국과 외국 음식문화와 여러 민족의 음식문화가 교류와 융합되는 시기였으며 원조(元祖) 90년 요리에는 주요 특징이 있었는데 여러 해 계속 대규모의 전쟁이 있었으며 이로 인하여 인구의 대이동과 생산력이 매우 훼손되었고, 음식 발전에는 크지 않았으며 평민들의 음식 발전 역시 빠르지 못해 이로 인하여 시장의 점포 음식점도 예전만 못한 상황이 되었다. 또한 이 시기에 남부 유럽, 중앙 아시아, 서 아시아 등의 서천차반(西天茶飯)이 중국과 외국과의 음식문화 교류가 있어 각 민족 음식이 1차 교류가 동으로부터 중원(中原)으로 들어왔다. 예를 들어 살펴보면 인도 차를 판매하는 판매점이 생겨나기도 하였으며, 향료 또한 중원에 전해졌으며 각종 연회가 풍성하게 있었으며 이로 인하여 중국음식의 맛이 매우 풍성하였다. 위와 같이 원조(元祖) 90년대에는 서로 모순되게 요리의 감소와 발전이 있었다.

명나라의 영락(永樂)황제 시기 이후 요리는 한층 더 빠른 발전을 하였다. 그것은 이 시기에 파병과 7차례 서양 원정으로 중국인들의 광범위하게 상업을 경영하는 사람들이 점차 증가하였고, 바닷길의 개척으로 요리 문화 교류의 범위도 확대되었다. 이로 인하여 약간의 외국 요리와 해산물이 유입되었다. 홍치(弘治)년에 이르러 요리 기술 발전에 새로운 절정을 이루었는데 가정조(嘉靖祖) 이후 조정의 부패와 여러 해 이어진 천재와 인재로 많은 사람들이 억압과 굶주림에 허덕이게 되었으며, 시장 점포와 요리도 다시 열악한 환경으로 전환되었다. 명나라 시기 성조(成祖)가 북경으로 천도함에 의하여 남방의 주방에서 일하던 사람들과 그에 따르는 적지 않은 주변의 것들도 함께 북상하였다. 이 때문에 많은 남쪽맛이 북으로 이동을 하게 되었으며 이후 조운(漕運)을 따라서 남북 풍미 교류가 촉진되었고, 요리 기술의 중심이 절강성(浙江省)인 북으로 이동하였다.

또한 청나라 때에 만주족이 중원으로 유입되었는데, 이것은 만주족과 한족 음식의 교류가 되었음을 얘기한다. 강희(康熙), 가경(嘉慶) 백년간 청대는 태평성대를 이루어 요리의 발전이 고조되고, 새로운 것의 출현 또한 많았다. 도광황제(道光皇帝) 시기에 아편전쟁 이후 국력이 쇠퇴하게 되어 요리에 대한 발전 또한 늦었다. 이때는 서양의 영향으로 시장에는 서양식 음식점이 생겨났다.

④ 근대와 현대의 요리
신해혁명(辛亥革命) 이후 중국요리에 하나의 새로운 시기가 이루어졌다. 중화

민국(中華民國) 시기 중국요리 기술과 맛의 중심이 발생하였고 다양하게 변화를 이룩하였다. 북경의 궁정요리(宮廷菜)는 청나라 이후 시장으로 많이 유입되어 모방한 형태의 방선채(倣膳菜)가 출현하였는데 이때 관(官)의 유명 인사의 요리사들도 시장으로 함께 유입되었다. 이로 인하여 담가요리(譚家菜)가 출현하기도 하였다. 그리고 남방의 상해, 남경 등의 지역에 은행가와 고관 귀족들의 사는 곳에는 연회가 자주 있었는데 이것을 "공관요리(公館菜)"라고 한다. 항일 전쟁 시기 전쟁을 피해 연해 도시의 요리 기술이 중국 내륙 사천 지역으로 옮겨갔는데 강소성(江蘇省), 상해(上海), 광동(廣東), 하북(河北), 평진(平津) 등 각 지역의 요리관이 중경(重慶)에서 영업을 하였다. 이것은 사천요리 발전을 촉진하는 계기가 되었으며 전쟁 이후 사천요리는 중국에 많은 영향을 주었다.

중화인민공화국(中華人民共華國)의 건국 이후 북경(北京), 무한(武漢), 심양(瀋陽), 광주(廣州), 서안(西安), 성도(成都), 복주(福州) 등 대도시로 요리 기술력이 상당히 집중되었다.

그리고 또 다른 특징은 새로운 식재료의 유입을 들 수 있는데 1925년 중국은 밀기울을 이용하여 조미료를 만들었고, 각종 향신료와 설탕 그리고 커피와 토마토 케첩, 소다 등이 도입되었으며, 야생동물을 길들이고 온실 재배와 식물을 개량하여 먹을 수 있는 식재료가 풍부하게 되었다. 또한 시장이 변화하여 요리가 직접적인 영향을 받았으며 연해의 도시의 식당업과 여행업이 발전을 하게 되었으며 다수는 여러 지방의 풍미와 각종 서비스를 겸하여 영업하기도 하였다.

1970년대 이후 사람들의 음식의 풍족한 형태로 바뀌고, 요리와 음식이 사회의 새로운 추세로 출현하였다. 그리하여 음식 시장의 활기찬 모습으로 번성하였고, 많은 음식점과 숙박이 결합한 현대화의 큰 호텔이 출현하였으며 식사의 소비 또한 급속하게 증대되고, 시장이 날로 번영하고 번창하게 되었다.

현대에 들어와 영양학과 위생학이 요리에 도입되었으며, 중의양생(中醫養生)과 식료(食療)와 현대 영양학의 결합으로 식료(食療)식당과 약선(藥膳)식당도 출현하였다.

20세기에는 전기 제품을 이용한 요리와 가스 시설을 갖춘 주방이 출현하였다. 그리고 요리 공예의 일부분이 예전의 수작업에서 기계로 대체되어 현재의 중국은 음식문화의 교류가 활기를 띠면서 새로운 발전이 빠르고, 요리 교육의 발전 역시 매우 빠르게 진행되고 있다.

중국요리는 이미 하나의 발전 시기에 진입하였다. 현재까지 많은 발전을 거듭하고 있고, 각종 식당과 그리고 각 지방요리도 지방의 특성을 유지하며 많은 발전을 거듭하고 있다.

제3장 중국요리의 특징과 정의

　중국 문화는 복합적인 다민족(多民族)의 성격을 지닌다. 한족이 중국 문화의 모든 것을 창시한 것으로 이해해 온 우리의 태도는 중국인보다 더 골이 깊은 한족 중심주의에 빠져 있었기 때문이다. 중국 문화는 여러 민족이 공동으로 형성해온 것이다. 그래서 대다수 한족의 문화는 실제로 그 뿌리를 한족에 두고 있기도 하고, 소수민족에 두고 있기도 하다. 따라서 중국 문화는 융합과 동화의 산물이라고 할 수 있을 것이다. 이는 중국음식 역시 예외는 아니다. 중국인의 음식 활동과 중국음식 역시 다민족적인 성격을 지닌다. 또한 식재료 이용의 다양성은 중국음식의 가장 큰 특징 중 하나이다. 그러나 많이 쓰이는 부재료들은 중앙아시아로부터 중국으로 전해진 것들이 많으며, 조리법에서도 많은 부분이 중원의 한족이 주위의 소수민족으로부터 영향을 받아 형성된 것이며, 밀가루를 이용한 국수 만드는 법, 교자와 만두 만드는 방법 등은 원래 중앙아시아로부터 유입된 것이며, 양고기를 이용한 조리법은 대부분 몽골족과 위구르족의 것에서 전해져왔다.

　이렇게 오늘날의 시점에서 본 전통적인 중국음식은 한족과 소수민족 사이의 융합(fusion) 과정으로 이해된다. 이처럼 융합의 대표적인 사례가 만한전석이라고 불리는 연회석이다. 일반적으로 청나라 초기 궁중에서는 만주족의 음식으로 식사가 마련되었다. 그런데 강희(康熙) 황제 22년(1681) 새해 첫날 만주족의 음식을 차리던 것을 한족식으로 변화시켰는데 이때부터 궁중에서는 만주족과 한족의 음식을 함께 황제의 식탁에 올리는 관습이 생겨났다. 황실의 이러한 경향은 다시 중국 각지로 유행하여 지방마다 다른 만한전석의 식단이 만들어졌다. 결국 만주족이 자신의 전통을 한족에 맞추었고, 결국에는 만주족의 특색은 사라지고 한족에 동화의 길을 걸었던 청나라의 문화적 특징이 이 만한전석에도 그대로 반영되었다.

한족의 문화가 지닌 융합력과 동화력은 중국 문화를 이해하는 데 매우 유용하다. 또한 한족의 음식으로 대표되는 중국음식 습관이 지닌 문화적 특성은 융합과 동화이다. 이는 언제나 외부의 새로운 것에 열려 있는 상태에 있기 때문에 쉽게 다른 것을 인정하고 수용한다. 그러나 그 수용은 일면에서 융합적인 성격이 강하게 나타나지만, 궁극적으로 한족 중심 체제로 동화한다. 중국인, 중국 문화 그리고 중국음식이 지닌 유연력과 적응력은 자신들의 음식 세계를 또 다른 세계로 만들어가는 데 결정적인 역할로 작용한다. 이것을 다른 말로 하면 중화주의라 할 수 있다. 음식의 중화주의가 오늘날에도 여전히 세계 각 곳에서 실현되고 있음을 우리는 너무나 쉽게 확인한다. 이것이 중국인, 중국 문화, 그리고 중국음식이 지닌 문화적 특징이다.

1. 중국음식문화의 특징

요리는 각 나라마다의 기후, 지리적 특성, 민족성에 따라 각양 각색의 특징을 지니고 있는데 중국요리는 다채로운 형태와 독특한 맛에 있어서 세계 최고의 요리임에 틀림이 없다. 특히 팔진이라 하여(낙타봉, 원숭이의 골, 표범의 태반, 곰 발바닥, 코뿔소의 꼬리, 비룡, 성성이의 입술, 록진) 등의 살아있는 것은 무엇이든 요리의 대상으로 삼아 불로장수의 사상과 밀접한 관계를 가지고 발전해왔으며 이것들로 인하여 현재 중국요리의 발전이 있었다고 할 수도 있다. 또한 중의와 음식이 하나의 뿌리라고 생각하는 "식의동원(食醫同源)"이라는 사상을 믿고 있다. 때문에 중국에서의 요리사의 위치는 사회적으로도 상당하여 은나라 시절에는 이윤(伊尹)이라는 사람은 요리사로서 재상이 된 선례를 가지고 있다.

설화 같은 이야기일지는 모르지만 요리사가 훌륭한 음식을 만듦으로 당대의 권력자의 측근에서 정치에 참여할 수 있었던 것은 "음식의 나라" 중국에서나 가능한 일이라 생각해 본다.

요리 기술이 고대로부터 확립되었다는 사실은 은나라의 [본미론], 송나라의 [중궤론], 원나라의 [운림당음식제도집], 명나라의 [송씨존생], 청나라의 [성원록], [수원식단] 등 수많은 요리책이 전해 내려오는 것에서도 알 수가 있다. 이렇게 기록으로 내려오는 왕실이나 귀족 요리와 함께 입으로 전해져오는 서민 요리가 한데 어우러져 중국요리가 더욱 발전하게 된 것이다. 또한 만리장성을 쌓은 진시황제로부터 가공식품도 먹기 시작했다고 전해진다.

한나라 시대로 접어들면서 떡, 만두 등 곡류를 가루로 내서 음식을 만들어 먹는 조리법이 생기기 시작하였으며 식기도 금, 은, 칠그릇을 만들어 사용하기 시작했다.

수, 당나라 시대에는 대운하가 건설되어 강남의 질 좋은 쌀이 북경까지 전달되어 북경 일대의 식생활이 풍요로워졌으며 화북 지방에서는 식생활에 일대 혁명이 일어나기 시작함으로 해서 대량 생산의 길을 튼 덕분에 일반 서민들도 그 혜택을 받아 빵이나 전병 등을 만들어 먹기 시작했다. 페르시아 지방에서 설탕이 들어와 재배되기 시작한 것도 이 무렵부터이며 이때 식사는 1일 2식이었으며 음식 조리는 원칙적으로 남자의 몫이었다.

원나라 시대로 접어들면서 중국요리가 서방 세계로 전달되기 시작하였는데 몽고인들은 유목민이었으므로 고기 요리와 발효 유제품의 음식을 많이 먹었으며 요리는 주로 구워서 먹었는데 이것은 진취적인 기마민족의 특징을 엿볼 수 있는 부분이다.

명나라 시대에는 옥수수, 고구마가 수입되었고 도로와 운하 등이 잘 발달되어 남방에 이르는 길도 잘 개척하여 각 지역의 요리 재료, 향신료, 과일 등을 쉽게

구할 수 있었으며 이로 인하여 요리법도 한층 더 발달하기 시작하였다.

이러한 음식문화는 청나라 시대에 들어 들면서 중국요리의 부흥기를 이루게 되었다. 중국 요리의 진수라 불리는 "만한전석"은 청나라 시대의 화려함과 호사스러움의 극치를 이루는데 상어지느러미, 곰발바닥, 낙타 등 고기, 원숭이 골 요리 등 중국 각지에서 준비한 희귀한 재료 등을 이용하여 100종 이상의 요리를 준비해서 이틀에 걸쳐 먹는 것으로서 이 요리법을 완벽하게 만들 수 있는 사람은 얼마 되지 않는다고 한다.

또한 서태후가 나들이할 때는 요리사를 100여 명이나 대동하고 음식을 수백 가지나 만들어 먹었다고 하니 그 화려함의 극치를 미루어 짐작할 만할 것이다.

청나라 때에는 행사 음식도 성행하였는데 북경에서는 설날에 물만두를 만들어 먹었고, 2월 1일에는 태양의 탄신일이라고 하여 쌀가루로 오층 떡을 만들어 태양신에게 바치는 의식을 행하였다. 사월 초파일에는 콩, 팥을 삶아서 절에 가서 선남선녀에게 주는 "사연두" 풍습이 있었고, 8월 보름에는 월병을 만들어 제사를 지냈다. 12월에는 각종 죽을 만들어 먹으면서 만수무강을 기원하기도 하였다. 중화민국 시기에는 요리의 발전이 그렇게 화려하고 번창하지는 않았지만 중국인들은 꾸준하게 음식의 발전을 이루어나갔으며 현대 오늘날에 이르러서는 많은 중국 요리들이 전 세계 많은 사람들에게 사랑받고 있다.

중국은 그들의 긴 역사만큼이나 다양한 요리를 개발하고 발전시켜 오늘날 세계적인 요리로 명성을 쌓고 있다. 다음으로 중국요리의 일반적인 특징을 살펴본다.

1) 식재료 선택의 범위가 매우 넓고 사용이 자유로움

중국의 국토 면적이 넓고 이로 인한 기후가 각각 다르며 재배되는 농작물과 가축, 가금류의 종류와 수산물의 종류 역시 많은 차이를 가지고 있다. 먹을 수 있는 모든 것을 먹거리로 사용할 수 있다는 말이 있듯이 다양한 종류 식재료를 요리에 자유롭게 응용하여 맛이 풍부하고 다양하다.

2) 조리에 필요한 도구가 간단하고 조리법의 응용이 다양함

중국은 다양한 식재료를 이용하여 수만 가지의 요리를 만들어내지만 실제로 요리 도구를 보면 상당히 간단하다는 것을 알 수 있다. 이는 중국의 역사를 보면 이해가 되는 부분이다. 중국은 오랜 역사를 가지고 있는 만큼 수많은 왕조의 교체가 이루어져 왔다. 이는 전쟁의 역사가 반복되었다고 할 수 있다. 전쟁의 역사에서 살아남기 위해서 사람들은 먹는 것을 호화스럽거나 사치스럽게 조리도구를 지니고 생활할 수 없었을 것이다. 이에 조리도구들 역시 간단할 수밖에 없을 것이지만 중국인들의 손재주만큼은 높이 평가할 만하다. 또한 중국인들은 상당히 많은 조리법을 가지고 있는데 현재는 43가지 정도를 가지고 조리를 할 만큼 다양한 조리법을 선보이고 있으며 이는 같은 재료를 가지고도 많은 숫자의 다양한 요리들을 만들어낼 수 있는 것이다.

3) 기름 사용이 많지만 음식을 강한 불로 단시간에 볶아 영양파괴를 줄임

중국요리는 기름을 많이 사용하는 특징을 가지고 있다. 예로 "데친다"는 개념은 우리에게는 끓는 물로 데치는 개념이지만 중국에서는 끓는 기름에 야채를 넣어 데친다고도 한다. 이처럼 기름에 대한 중국인들의 사랑은 끊임없는 것이다. 또한 전처리를 먼저 함으로써 단시간에 기름에 넣어 볶는 방법을 사용하여 재료의 본래의 식감이나 향, 영양 성분을 파괴하지 않고 요리를 함으로써 요리 본연의 풍미와 향미를 끌어낼 수 있는 것이다. 물론 오랫동안 끓이거나 고는 등의 요리도 있다.

4) 음식의 결합과 보온의 목적으로 전분을 사용함

중국음식은 대부분은 전분을 사용하여 요리에 첨가한다. 이는 수분과 분리되는 것을 방지하는 목적 이외에도 보온의 역할도 함께 이루어진다. 요리를 하여 손님에게 제공되는 시간과 손님이 먹는 시간은 일정하지 않기에 최대한 오랫동안 음식의 온기를 보존하는 것에 대한 필요성을 인식하여 이처럼 전분을 사용하여 음식에 첨가하여 음식의 향미와 풍미를 유지할 수 있도록 하는 목적도 있다.

5) 조미품과 향신료의 종류가 풍부하고, 식단은 풍요롭고 외양이 화려함

중국은 어느 나라보다 맛을 내는 것에 대한 연구를 많이 하는 나라이며 향신료의 종류도 상당히 많으며 종류도 다양하다고 할 수 있다. 다양한 많은 조리법과 더불어 조미료의 첨가와 향신료의 첨가로 인하여 더욱 다양한 요리를 선보일 수 있는 것이며 중국인들은 먹거리에 대한 허례허식이 상당히 많고, 요리의 가짓수도 많으며, 또한 요리는 눈으로 먼저 먹는다는 말이 있을 정도로 요리 구성에도 고전의 이야기를 넣어 식단을 구성하거나 화려한 모양을 조각하여 테이블에 올리기도 하고 접시에 식재료로 테마를 구성하기도 한다.

6) 요리의 색·향·불 조절을 중요시여김

중국요리는 색감의 배열에 많은 신경을 기울이며 여기에 향을 첨가하여 후각적인 만족을 이끌어내는 특징을 가지고 있으며, 먹는 것이 입에 국한되지 않고 눈으로 먹는 것이 중요함을 인식하여 요리 주재료와 부재료의 색감의 배열에 신경을 쓴다. 중국요리는 불 조절이 90%라고 할 만큼 불 조절에 영향이 크며 똑같은 요리도 불 조절을 얼마만큼 잘하느냐에 요리의 품질이 좌우된다고 해도 과언은 아닐 듯하다.

2. 중국음식의 코스별 분류

● 중국요리의 기본 코스

중국요리는 서양요리처럼 전채(前菜), 주요리(主菜), 후식이 기본 코스라고 할 수 있다. 메뉴를 중국어로는 "차이단(菜單)" 혹은 "차이푸(菜譜)"라고 하는데 자리의 성격에 따라 코스의 종류가 많아지기도 한다. 중국인들은 일반적으로 홀수를 불길하게 여기는 경향이 강하고 짝수를 좋아하므로 보통 전채 2종류, 주 요리 4종류, 후식 2종류를 기본으로 하고 전채와 주요리 사이에 탕채(서양의 수프)를 첨가시키는데 많을 때에는 전채 4종류, 주요리 8종류 후식 2종류를 차리기도 한다. 중국요리도 양식의 코스와 비슷하게 서비스되며 일품요리(一品料理), 정탁요리(定卓料理), 특별요리(特別料理)와 주방장 추천 요리로 구성된다.

1) 조리방법에 따른 분류

● 전채(前菜)-qian cai

① 냉채(冷盤)-liang cai

전채로는 냉채가 많이 나오는데, 이는 식사를 하기 전에 술을 함께 곁들이면 좋다. 냉채라고 해서 반드시 차게 조리하라는 규율은 없다. 조리하자마자 뜨거울 때 테이블에 올리는 경우도 있다. 찬 요리 두 가지와 뜨거운 요리 두 가지를 내는 것이 보통이다. 냉채를 몇 종류 배합시켜 담아 내놓는 요리를 "병반(餅飯)"이라 하는데 접시에 담은 모양이나 맛의 배합에 세심한 신경을 써서 식욕을 돋우게 한다.

냉채는 재료의 종류에 따라 네 가지 냉채(四品冷菜), 다섯 가지 냉채(五品冷菜)가 있으며, 새 모양의 봉황냉채(鳳凰冷菜)도 있다. 조리법으로는 무침요리인 반(拌)은 동물이나 식물 모두 사용 가능하며, 훈제요리인 훈(燻)은 동물이나 어류 등을 많이 사용한다.

② 열채(熱菜)

전채(前菜)의 하나로 더운 요리 중 가장 먼저 내는 요리이다. 질과 맛이 강조되는 요리로, 볶음이나 튀긴 것이 많고 분량은 주요 음식보다 적고 그릇은 냉채보다 조금 큰 것을 사용한다. 상어지느러미를 이용하는 요리나 전가복(全家福) 등이 있다.

● 탕채(湯菜)-tang cai

탕채는 일정한 규칙이 있는 것이 아니라 요리의 중간이나 끝에 나올 수도 있다. 하지만 연회에서는 탕채는 열채가 다 나온 뒤, 나오는 것이 일반적인 순서이다. 고급 재료로 만든 탕채는 연회 중간에 나오기도 한다. 이 고급 재료로 만든 탕채를 "두채(頭菜)"라고 하며, 이 두채에 따라 연회의 명칭이 결정된다. 일반적으로 중국요리 코스에서는 탕이 두 차례 나오게 되는데, 한 번은 앞에 설명한 두채가 나오고, 다른 한 번은 요리를 다 먹은 다음 식사와 함께 나온다.

● 주요리(大菜)-da cai

주요리는 탕(湯), 튀김(炸), 볶음(炒), 류채(熘菜 : 조미한 요리에 물전분을 얹은 요리) 등의 순서로 나오는 것이 일반적이나 순서에 상관없이 나오기도 한다. 대규모의 연회에서는 찜, 삶은 요리 등이 추가된다. 흔히 중국요리는 처음부터 많이 먹으면 나중에 맛있는 요리를 못 먹는다고 말하는 것은 정식 코스에서 기름진 음식이 나오기 때문이다. 또한 우리나라의 국이나 서양의 수프에 해당하는 탕채는 전채가 끝나고 주요리에 들어가기 전에 입안을 깨끗이 가시고 주요리의 식욕을 돋우게 한다는 의미로 나오는 요리 주요리의 중간이나 끝 무렵에 내는 경우도 있는데 처음에는 걸쭉하거나 국물기가 많은 조림 등을 내며 끝에는 국물이 많은 요리를 낸다.

① 초채(炒菜)-cao cai

초채는 기름을 조금 넣고 만드는 볶음요리를 말한다. 탕에 녹말을 넣어서 만드는 것이 일반적인 요리법이며 일상적인 음식에서 반찬에 이르기까지 폭넓게 이용되는 요리이다. 중국요리에서는 그 가짓수가 가장 많다.

② 전채(煎菜)-jian cai

기름에 부치거나 지져서 수분 없이 만드는 요리의 명칭을 "전채"라고 한다. 적은양의 요리나 부서지기 쉬운 식재료를 이용하여 모양이 예쁘게 해서 내놓기도 한다.

③ 작채(炸菜)-zha cai

튀김요리는 센 불로 짧은 시간에 열처리한 후에 즉시 먹는 것이 가장 맛이 좋다. 또한 비타민의 파괴가 적으므로 중국음식에 있어서 생식을 적게 하여 발생할 수 있는 영향적인 면도 보완될 수 있는 요리라 하겠다. 중국요리에 있어서 작채는 완성된 요리로 인정하여 줄 뿐 아니라 요리법의 한 단계로서도 취급하며 튀긴 것을 다시 볶거나 찌거나 류(留)를 끼얹기 때문에 대단히 응용범위가 넓다. 튀김요리에는 닭고기 튀김, 갈비 튀김 및 소고기 튀김이 있다.

④ 민채(燜菜)-men cai

재료를 잘라서 먼저 물에 끓이거나 혹은 기름에 튀긴 후에 다시 소량의 소스와 조미료를 넣어 약한 불로 장시간 삶아서 재료를 연하게 하여 수분이 없을 때까지 졸이는 것을 "민채"라 하며 대표적인 요리로는 마파두부가 있다.

⑤ 증채(蒸菜)-zeng cai

수증기로 찜을 하여 익히는 방법에 속하는 것으로, 청증(淸蒸), 분증(粉蒸), 포증(包蒸)이 있다. 청증은 조미료에 재워 맛을 배게 한 재료를 그릇에 담가 수증기로 익히는 방법이다. 이런 방법들은 재료의 신선하고 부드러움을 유지할 수 있으며, 푹 삶았지만 잘게 부수어지지 않는다는 장점이 있다.

찜요리에는 닭찜, 삼겹살찜, 생선찜, 상어지느러미찜, 꽃빵, 딤섬 등이 있다.

⑥ 류채(熘菜)-liu cai

조미료에 잰 재료를 녹말이나 밀가루 튀김옷을 입혀 기름에 튀기거나 삶거나 찐 뒤, 다시 여러 가지 조미료로 걸쭉한 소스를 만들어 재료 위에 끼얹거나 조리한 재료를 소스에 버무려 묻혀내는 조리법이다. 류산슬과 야채요리들이 있다.

⑦ 돈채(炖菜)-dun cai

장시간 걸리는 조리법에 속하는 것으로, 약한 불에서 장시간 끓이거나 오래 고는 요리를 말한다.

⑧ 고채(烤菜)-kao cai

건조한 뜨거운 공기와 복사열로 재료를 직접 불에 구워 익히는 조리법으로 가장 원시적이고 오래된 방법이다.

● 후식

코스의 마지막을 장식하는 요리이다. 앞서 먹었던 요리의 맛이 남아있는 입안을 단맛으로 정리하는 의미가 포함되어 있으며 보통 복숭아 조림, 중국약식, 사과탕, 음료, 과일 등 산뜻한 음식이 쓰인다. 중국요리의 코스에서 단 음식이 나오면 일단 코스가 끝났다고 보아야 한다. 코스 중간 이후에 나오는 딤섬도 후식의 일종이다. 단 음식의 다음으로 빵이나 면을 들면서 식사를 끝내기도 한다.

● 점심(點心)-dian xin

점심에는 짠맛의 것과 단맛의 것으로 나뉜다. 짠맛의 것은 면류, 교자 등의 일품으로 가벼운 식사 대신이 되는 것들이며 단맛의 것은 과자 또는 과자 대신이 된다. 보통 1~2가지를 대접한다. 한 가지의 경우 단맛의 것을 두 가지의 경우 함께 대접한다. 쌀 과자, 튀김 과자, 찐만두, 국수 따위가 여기에 해당되며 때때로 용안(과일)을 내기도 한다.

2) 식단 작성 시 유의점

- 음식의 가짓수는 식탁에 앉을 인원 수에 의해 결정한다.
- 음식의 가짓수는 인원 수만큼 내거나 그보다 한 가지 정도 많은 것이 통례이며, 가능하면 가짓수는 짝수로 한다.
- 진한 맛의 음식에서 담백한 맛을 내는 음식으로 이어지도록 한다.
- 진한 색에서 연한 색, 바다 산물에서 육지 산물로 이어지도록 한다.
- 조리 방법의 중복을 피하고 볶음, 튀김, 찜 등으로 다양하게 준비한다.
- 주재료와 부재료는 생선, 육류(소고기, 돼지고기), 채소, 두부, 면 등이 골고루 들어가도록 한다.
- 단맛, 신맛, 쓴맛, 매운맛, 짠맛의 음식이 골고루 들어가도록 한다.

3. 중국음식의 식사예절

중국음식은 개인별 식사가 제공되는 것이 아니라 하나의 음식을 가운데 놓고 각자 양만큼 덜어서 먹는 방법이다. 좌석은 주빈이 되는 손님이 가장 안쪽인 상좌(上座)에 앉도록 배치하고, 주인은 시중을 드는 사람이 드나드는 문 쪽의 하좌(下座)에 앉는다. 주빈의 좌우에는 주빈 다음으로 중요한 손님을 앉게 하고, 주인의 좌우에는 가까운 친지나 친구들을 앉게 한다. 음식이 나오면 주빈 앞에 놓아 먼저 먹도록 배려하고, 마실 술의 종류도 주빈에게 물어서 정하도록 한다.

중국 식탁에서 스푼은 탕을 먹을 때만 사용하고, 다른 음식을 먹을 때는 젓가락을 사용하고, 밥이나 국수는 젓가락을 사용하며 양손으로 먹을 때는 왼손에 스푼을 들고 음식을 덜어 담은 다음 오른손에 쥔 젓가락을 사용해서 먹는다. 밥이나 탕이 담긴 그릇은 손에 들고 입 가까이 대고 먹는다. 사용하고 난 수저를 남에게 보이는 것은 실례이므로, 탕을 먹은 뒤 스푼을 뒤집어 놓는다.

껍질이 있는 새우 요리는 우선 젓가락으로 몸통을 누르고 머리를 잡아떼어 안쪽에 들어 있는 내장을 먹고 난 다음, 몸통의 껍질을 벗겨 살을 떼어먹는다. 이때

입 속에 들어간 껍질은 손으로 꺼내도 상관없다. 껍데기째 만든 게 요리를 먹을 때는 개인 접시에 다리 부분과 몸통을 한두 개씩 덜어놓고 먹는다. 살은 젓가락으로 발라서 먹지만 작은 토막은 껍데기째 입안에 넣고 먹어야 소스의 맛을 충분히 음미할 수 있다.

1) 기본적인 식사예절

① 중국음식은 한 식탁에 둘러앉아 큰 접시에 나온 음식을 여러 사람이 나누어 먹는 방식으로, 동석한 사람들이 식사를 즐길 수 있도록 하는 것을 중시한다.

② 좌석은 지정되어 있어 앉을 때 특히 주의해야 한다.

    좌석 배치는 주빈이 되는 손님이 가장 안쪽에 앉고, 주인은 드나드는 문 쪽에 앉는다. 음식점에서 식사 초대를 받은 경우에는 지정하는 자리에 앉는다. 왜냐하면 음식 값을 지불하는 사람은 좌석으로 결정되기 때문이다. 계산하는 사람의 자리는 대개 손수건, 유리잔 등으로 표시되어 있다.

③ 중국의 음식은 우리와 같이 음식이 다 차려져 있는 나열형이 아니라 서양식같이 시간의 순서에 따라 하나씩 나오는 코스 형태이다.

④ 식탁의 차림은 중앙에 덜어먹을 때 쓰이는 접시가 놓이고, 왼쪽은 국을 담는 그릇, 오른쪽은 젓가락과 수저가 놓인다. 컵과 찻잔은 왼쪽의 안쪽에, 그 다음 상아나 나무로 만든 긴 젓가락과 사기로 만들어진 탕 수저가 수저받침 위에 놓여 있다.

⑤ 숟가락은 탕을 먹을 때만 사용되고 이외에는 밥은 물론 모두 젓가락을 사용한다. 중국의 젓가락은 멀리 있는 것을 집어야 하기에 한국의 젓가락보다 길며 표면이 매끄럽기에 음식을 집을 때는 주의해야 한다. 밥이나 탕이 담긴 그릇은 손에 들고 그릇은 입에 가까이 대고 먹는다. 사용한 수저는 타인에게 보이는 것은 실례이므로 사용 후 뒤집어 놓는다.

⑥ 물고기 요리가 나오면 생선 머리는 손님 쪽으로 향하게 하고 제일 상석인

사람이 먹는다. 특히 생선을 먹을 때는 절대로 뒤집지 않는다. 이는 배반의 의미와 연해 지역에서는 배가 뒤집어진다는 생각 때문인데 연해지역에 사는 사람들에게는 거의 철칙처럼 통한다.

⑦ 회전식탁은 가운데가 돌아가게 되어 있다.

　요리는 먼저 주빈부터 덜도록 배려하고, 주빈 옆에 앉은 순서대로 식탁을 돌리며 각자 먹을 양만큼 개인접시에 덜어낸다. 옆 사람을 위해 회전식탁을 시계방향으로 움직여 주는 것이 예의이다. 중국인들의 식사 모습을 보면 우리와 다른 점이 있는데 먼저 식사를 하는 광경은 와자지껄하다. 워낙 먹는 것을 즐기는 민족이고 보니 먹는 장소가 가장 즐거운 곳이 되어 열심히 요리를 즐기며 이야기 꽃을 피운다. 우리는 깨끗하고 정갈하게 먹어야 예의인 줄 알지만 그들은 최대한 난장판이 되도록 먹어야 주인에 대한 예의가 된다. 그래서 식사가 끝난 뒤 탁자는 마치 전쟁을 한 것처럼 폐허와도 같다. 또 나온 음식을 의무적으로 다 비울 필요는 없지만 그럴 경우 아직 양이 차지 않아 음식을 더 원하는 뜻이 되므로 주의하여야 한다. 접시에 있는 음식은 약간 남기고, 그릇의 밥은 다 먹는다. 중국인들은 음식을 넉넉히 주문하여 1/3 정도 남아야 풍부한 접대를 한 것으로 생각한다. 또한 남는 음식은 주인에게 포장을 원할 수 있으며 포장하여 가져가도 실례가 되지 않고 오히려 초대자는 만족하게 된다. 우리와는 약간 상반되는 식사예절일 수 있다. 중국은 전통적으로 둥근 식탁에 둘러 앉아 식사를 하게 되는데 보통 앉는 좌석은 신분에 따라 위치가 정해져 있기 때문에 앉을 때 항상 주의해야 한다.

2) 중국요리 코스에 따른 식사예절

① 차(茶)-cha

중국차를 낼 때 두 가지가 있다. 하나는 차종 옆에 작은 찻잔이 곁들여 나왔을 때 차종의 뚜껑을 조금만 뒤로 제쳐서 위에 떠 있는 차의 잎이 나가지 않도록 걸러서 마시는 방법이고, 차종만 나왔을 때는 오른손으로 뚜껑을 뒤로 제쳐서 역시 잎이 입에 들어가지 않게 마신다. 차를 더 원할 때는 뚜껑을 열어 놓으면 주인이 끓인 물을 부어준다.

② 술(酒)-jiu

요리가 나오기 시작하면 주인인 주빈부터 술을 붓는데, 차례로 끝나면 모두 같이 건배하고 식사가 시작된다. 술은 대개 소홍주가 많으며, 이 술에는 얼음탕을 넣는다. 그러나 요즘은 맥주와 백주도 같이 즐겨 마신다. 또한 술을 마시면서 사람들과 게임을 하여 여흥을 가지기도 한다.

③ 치엔차이(前菜)-qian chai

전채를 먹을 때의 공통적인 주의는 젓가락으로 집었으면 작은 접시에 놓지 말고 바로 입으로 가지고 간다. 그러나 부인의 경우는 왼손에 작은 접시를 쥐고 받쳐서 먹으면 보기가 좋으며 이때도 집은 전체를 접시에 놓지 않는다. 전채는 식어도 상관없는 요리가 많으므로 끝날 때까지 식탁에 그대로 내놓고 도중에 집어 먹어도 된다.

④ 탕차이(湯菜)-tang chai

대개의 경우, 국은 큰 그릇에 함께 담겨져 나오므로 주빈부터 각각 자기 앞에 놓여 있는 접시를 가까이 가져간 다음, 국물과 건더기를 함께 덜어서 자기 스푼으로 먹는다.

⑤ 따차이(大菜)-da chai

큰 접시에 담겨서 나오는 경우가 많으나, 자기 앞 접시에 담아 먹는다. 여러 가지 재료가 함께 들어 있는 요리를 먹을 때 자기가 좋아하는 것만 골라서 자기 앞 접시에 덜어 놓는 것을 피한다.

⑥ 점심(點心)-dian xin

따차이가 끝나면 후식인 점심이 나온다.

- **빠스(拔絲)-ba si**

  캐러맬이나 설탕을 녹여 묻힌 빠스는 젓가락으로 집으면 가는 실같이 뽑혀 나온다. 뜨거운 것이므로 옆에 놓인 물이 담긴 그릇에 재빨리 담갔다가 건져서 먹는다.

- **만토우(饅頭)-man tou**

  자기 접시에 하나 가져와서 반으로 자른 다음, 반은 접시에 놓고 반은 쥐고 한 손으로 떼어서 입에 넣는다. 입으로 베어 먹는 모양은 보기가 좋지는 않다.

제4장 중국요리의 지역적 특징

〈중국의 지방요리〉

- 중국의 사대 지방요리 : 강소성, 산둥성, 광둥성, 사천성
- 중국의 팔대 지방요리 : 안휘성, 복건성, 절강성, 호남성
- 중국의 십대 지방요리 : 북경, 상해

중국요리는 원료의 생산, 조리기술, 풍미특색의 차이에 따라 역사적으로 많은 지역을 형성하였다. 각 지역간의 상호 영향으로 약간씩의 공통점이 생겨나 비교적 큰 지역단체, 즉 요리계통이 형성되었다.

그 특징은 어떤 독특한 조리 방법, 특수한 맛내는 방식과 맛내는 수단, 많은 종류의 맛내는 원료, 간식에서 연회에 이르기까지 일련의 요리방식을 가지고 있는 것이며, 요리계통이 형성되기까지는 경제, 지리, 사회, 문화 등의 많은 요소가 필요하다.

그중에 주요한 요인으로는 풍부한 생산물, 유구한 전통이 있어야 하며, 조리기술에 능숙한 인재와 풍미 음식점이 있어서 조리 문화에도 상대적인 발달이 있어야 한다. 중국은 요리 계파에서 일반적으로는 사대요리로 분류하고 있지만 이 외에도 팔대 지방요리, 십대 지방요리 등이 있다.

중국요리는 크게 황하유역, 북방지역의 산동요리의 영향을 받아 형성된 북방요리와 장강(長江)유역, 회하(淮河)유역, 상강(湘江)유역, 주강(珠江)유역의 요리를 일컫는 남방요리로 분류된다. 황하유역 및 기타 북방은 산동요리를 대표로 하고, 장강유역의 하류는 회양요리를, 장강의 중상류는 사천요리를, 주강유역은 광동요리를 그 대표로 한다. 이들 산동(山東), 강소(江蘇), 사천(四川), 광동(廣東)요리를 중국의 사대요리 계파라 할 수 있으며, 더하여 절강(浙江), 안휘(安徽), 복건(福建), 호남(湖南)을 중국 팔대요리 계파라고 칭한다.

1. 산동요리(山東菜 : 魯菜-lu chai)

산동요리의 주요 계파로는 현재 산동성의 수도인 제남을 중심으로 하는 제남요리와 복산요리가 있다. 제남요리는 제남 이외에도 덕주와 태안 등 산동성 내륙지역의 요리를 대표한다. 또 다른 계파인 복산요리는 복산, 연대와 청도를 중심으로 하여 발전되어 왔다. 이 지역은 모두 바닷가에 위치한 지역이기 때문에 자연 해산물을 중심으로 하는 요리들이 발전해 왔다. 산동은 중국 고대문화 발원지의 하나로 대문구(大汶口) 등지에서 회도(灰陶), 홍도(紅陶), 흑도(黑陶) 등 취사기구가 출토되어 신석기시대 제노(齊魯) 일대에 초기 문명이 번영하였음을 입증해주고 있다. 산둥요리의 시발점은 춘추전국시대이며, 남북조시대에 와서 발전하기 시작하여, 원, 명, 청 삼대 왕조를 거치는 동안 군중에 의해 인정받아 한 유파를 이루기에 이른다.

춘추전국시기의 공자와 맹자도 먹는 것을 많이 논의하였는데 이것으로도 이 시기에 조리 수준이 이미 상당한 수준에 도달하였다는 것을 미루어 알 수 있다. 제민요술(齊民要術)에는 북방 요리의 자료를 수집하고 기재하여 산둥요리의 일부분을 찾아볼 수 있다. 산둥요리는 황하유역 중·하류 및 기타 북방지역과 동북까지 영향을 미쳐 "북방요리"의 대표가 되었다.

산둥요리는 재료의 선택이 광범위하고, 가축, 해산물, 야채 등의 재료로 폭(爆), 류(熘), 고(烤), 과파(鍋巴), 발사(拔絲), 밀즙(蜜汁) 등의 조리 방법을 즐겨 사용하며, 그중 조리법 가운데 아주 특이한 것으로는 "폭(爆)"이라는 것이 있다. 강한 불로 재빨리 볶아서 신선하면서도 부드러운 맛을 내는 기술이다. 또 다른 특징의 하나로는 파의 향기를 빌려서 맛을 내는 기술이 발달되어 있다. 음식의 맛은 약간 짠맛이 있고 신선하며 향기로우면서 바삭거리고 부드러운 특색이 있다. 주로 간장, 파, 마늘 등의 재료를 넣어 양념을 하고, 맑은 국을 사용하므로 맛이 아주 뛰어나다. 산둥요리는 북방요리를 대표하며 해산물 요리가 비교적 유명하며 조미료에 의해 맛을 내기보다는 요리 재료 본래의 맛을 중요시한다. 짠맛과 동시에 담백함과 부드러움에도 주의하여 요리한다. 요리에는 총소해삼(蔥燒海參 : 대파와 해삼 불린 것을 볶아낸 요리), 발사사과(拔絲苹果 : 뜨거운 설탕시럽에 사과를 입혀 낸 요리) 등이 있다.

2. 강소요리(淮揚菜 : 蘇菜-su chai)

회양(淮揚 : 강소성 양주 지방)요리는 춘추전국시대의 진(秦)나라에서 기원된 것이 수당(隋唐)에는 이미 그 명성이 널리 알려져 있었으며, 청(淸)나라에 와서는 하나의 유파를 이루게 되었는데 양주는 구주(九州)의 하나로 수나라와 당나라 이후부터 관리되기 시작하였다. 이곳은 장강과 운하 교통의 요충지로 역대 조운(漕運)의 중심이 되었다. 명나라와 청나라시기 소금 운송은 양주에서 하고 조운은 회음(淮陰)에서 하여 배가 지나는 길에 반드시 정박하여야 했으므로 이곳에 상인이 운집하여 경제가 번영하였다. 때문에 요리 사업도 발달하여 먼 곳까지 전파되었으며 요리사가 많았고, 장강 중·하류와 동남 근해 일대까지 그 명성이 알려졌다. 형성에 따른 풍미 특색으로 회양 요리는 중국요리계가 공인하는 사대 요리의 하나이다. 재료 선택에 수산품이 위주가 되고 돈(燉), 민(悶), 외(煨), 취(醉) 등의 방법이 많으며 맛은 깨끗하고 신선하고 설탕을 즐겨 사용한다. 강소 요리는 남경(南京), 상해(上海) 등 지방요리로 구성되어 있다. 그 공통된 특징은 탕 끓이기를 중요시하여 맛은 진하며 느끼하지 않고 담백하며, 조각하는 기술로 유명하다. 수원식단(隨園食單)에서는 "使一物各獻一性, 一碗各成一味(한 가지 물질로 각각 한 가지 성질을 나타내고 한 그릇으로 각각 한 가지 맛을 나타낸다)"라는 특징이 있다고 말한다. 대표적인 요리로는 청돈해분사자두(淸蟹紛獅子頭), 대저건사(大猪乾絲), 삼투압(三套鴨), 수정효육(水晶肴肉), 송서궐어(松鼠厥魚), 양계취선(梁溪脆鮮) 등이 있다. 모두 요리 방법이 섬세하고, 모양이 아름다우며, 우아한 특징이 있다.

3. 사천요리(四川菜 : 川菜–chun chai)

사천요리는 고대 파국(巴國), 촉국(蜀國)에서 기원하며, 진(秦), 한(漢), 서진(兩晋)시기에는 천미(川味)라 하여 지(志), 부(賦)에 기재되어 있고, 당나라와 송나라에 이르러서는 시문(詩文)에서 더욱 그 맛을 칭송하였다. 아울러 중원에 위치하여 각 지방의 장점을 취해 지방 풍미가 농후한 특색 있는 요리 계통을 이루었다. 사천요리는 명나라와 청나라 이후에는 널리 해외까지 영향을 미쳤다. 사천

요리는 또 야생의 특산물을 이용하지만, 맛은 그곳 특유의 조미 방식을 많이 사용하는데 맛이 매우 다양하며 진하고, 순수하고, 깨끗하고, 신선하다. 한 가지 요리가 한 가지 형식이며 백 가지 요리로 백 가지 맛이 난다. 지리, 기후 등의 요소로 인해 매운 고추, 산초가 많이 사용되며 일반 가정 풍미로는 아린맛과 맵고 독특한 향이 있는 것이 유명하다. 소전(小煎), 소채(小菜), 건소(乾燒) 등의 조리법을 즐겨 사용한다. 사천요리의 풍미는 장강 중·상류 및 귀주(貴州), 운남(云南)까지 영향을 미쳤다. 이곳들은 중국의 오지로 습기가 많고 산지이기 때문에 식품의 저장을 생각해 절임류(짠지, 작채)가 발달하였다. 또한 호수나 강·바다와 멀리 떨어져 있기에 식재료 운용에서 한계성이 있었으나 발효와 저장성이 있는 소스를 야채와 고기에 응용하여 풍미를 완성하기도 하였다.

사천요리는 고추를 운용하여 조리하는 전통을 발전시켜 구성된 지방요리이다. 사천요리는 마랄(麻辣)을 잘 사용하는 것으로 유명하다. 대표적인 요리로는 鍋巴三鮮(쌀밥누룽지에 여러 가지 재료를 넣어 걸쭉하게 만든 소스를 식탁에서 끼얹어 먹는 요리), 回鍋肉(삶은 돼지고기를 사천풍으로 다시 볶아낸 요리), 麻婆豆腐(두부와 갈은 고기를 두반장에 볶은 요리)가 있다. "맛하면 사천(味在四川)"이라는 영예를 얻고 있다.

4. 광둥요리(廣東菜 : 粵菜-yue chai)

광둥요리는 매우 오랜 역사를 가지고 있는데, 한위(漢魏), 남북조(南北朝)시대에 이미 문헌에 나타나기 시작했으며, 청나라 말기에서 민국 초기에 이르러서는 세계적인 명성을 얻었다. 다양하고 신선한 재료를 사용하고, 그 조리 방법 또한 다양하며 모양이 아름답고, 수많은 특이한 식재료를 사용한 것이 특징이다.

광둥지역은 동남 연해에 위치하여 기후가 온화하고 재료가 풍부한 것이 특징이다. 근래에는 서양요리 기술을 흡수 융합하여 선명한 지방 특색과 풍미를 형성하였다. 광둥요리는 재료 사용의 범위가 넓고 기이하여 "식재광주"라는 표현을 사용하기도 한다. 식재료의 응용 범위가 넓고 다양하기에 그에 맞는 조리 기술도 매우 다양하다. 특히 초(炒), 국(焗), 포(泡) 등의 조리법이 있고 맛은 깨끗하고 신선하며 시원하고 부드럽다. 아울러 양생(養生)의 효과도 중시한다. 광둥요리는 광주(廣州), 조주(潮州), 동강(東江)요리로 구성되어 있으나, 그중에서도 광주요 리를 대표로 한다. 상어지느러미, 제비집, 녹용 등 특수재료를 이용하고 뱀, 원숭 이 등을 이용한 요리도 있어 중국에서는 요리라 하면 광둥요리가 제일이라는 표 현을 할 수 있다.

5. 호남요리(湖南菜 : 湘菜-xiang chai)

마오쩌둥의 고향이 호남요리는 장사(長沙), 형양(衡陽), 상담(湘潭)지역의 요 리가 대표적이다. 호남요리의 주요 특징을 보면 칼 사용법이 훌륭하고 모양과 맛 이 모두 좋으며, 시큼하고 사천요리와 비슷하게 매운 요리가 많고, 향기롭고, 연 하며, 바삭한 특징을 가지고 있으며, 요리의 기법이 다양하고 능수능란하다. 많 이 사용되는 조리법으로는 소(烧), 증(蒸), 훈(熏) 등의 방법이 있으며 특히 증 (蒸)을 이용한 요리가 많다.

조록어시(組鹿魚翅)는 상어지느러미 요리이며, 빙탕상련(氷糖湘蓮)은 호남요 리에서 이름난 단맛 음식이다. 또한 호남요리에는 오리 요리가 유명한데 호남에 서 나는 회색빛 오리의 골수가 아주 많아 맛있기 때문이다. 이 밖에 닭 요리도 상 당히 유명한데 이름난 동안자계(東安子鷄)는 닭고기가 기름지고 연하며 맵고 신 선한 향기가 풍긴다. 그 이외에 호남의 동정호(洞廷湖)에도 특색 요리가 있다.

6. 절강요리(浙江菜 : 浙菜-zhe chai)

절강요리는 오늘날에 이르러 훌륭한 요리가 3천 가지 이상이 된다는 영예를 누 리고 있다.

절강요리의 공통된 특징을 보면 재료를 사용하는데 해박하며, 배합에 엄격하다. 주재료를 중시하여 어울리는 품종의 배합 재료와 조미료를 사용하여 주재료가 두드러지게 하며, 신선하고 향기로움을 증가시키고, 비린 맛과 느끼함을 제거한다. 칼 기술이 정밀하고, 형태가 남다르며 불 조절을 중시하며 깨끗하고 신선하며, 연하고 상쾌하여, 우러나는 맛과 조미 맛이 함께 있으며 절강요리는 항주(杭州), 영파(寧波), 소흥(紹興) 세 곳의 맛으로 이루어졌는데 그 가운데서도 항주요리가 가장 대표적이며 이름이 널리 알려지고 있다. 항주요리는 폭(爆), 초(炒), 회(燴), 작(炸) 등의 요리기술이 장점인데 요리가 신선하고, 시원하며 우아하고 정교롭다. 또한 해산물 요리에 능숙하여 이름난 요리로는 용정하인(龍井蝦仁), 서호초어(西湖醋魚), 생폭선편(生爆鮮片), 박편화퇴(薄片火腿) 등을 들 수 있다.

영파(寧波)요리는 해산물 요리가 장점인데 신선하고 짠맛이 조화를 이루며 찌고, 굽고, 삶는 것이 요리 기법의 특징이며 야들야들하고 부드럽고 매끄럽고 원래의 맛을 중시하며 색깔이 부드럽고 진하다.

소흥(紹興)요리는 향기롭고 걸쭉하며 탕의 맛이 진하다. 강물에서 나는 생선과 가축 요리가 특징인데 짙은 향토 맛이 풍긴다. 이 밖에 두부 요리와 소흥주(紹興酒)도 상당히 특색이 있다.

온주(溫州)는 해물 요리가 풍부하여 신선하고 맛이 연하지만 풍부하며 요리 기법에서 가볍게 튀기고 즙을 내는 기술이 장점이라 할 수 있으며 칼 사용에 능숙하다.

항주요리에서 동파육(東坡肉)이 가장 유명한데 문인 소동파가 만들어낸 요리라고 전해지고 있는데 돼지의 삼겹살을 이용하는데 크게 토막 낸 후 솥에 파와 생강을 넣고 껍질이 아래로 향하게 토막 낸 고기를 배열하고 소흥주, 간장 등 양념과 파를 넣고 덮개를 덮은 후 종이로 밀봉한다. 강한 불로 끓인 후 약한 불로 80% 정도 익히고 나서 고기를 뒤집은 후 다시 약한 불로 고기를 푹 익힌다. 고기를 꺼내어 도자기 그릇에 넣고 찜 솥으로 옮겨 고기가 말랑해질 정도로 푹 찐다. 이 요리의 특징은 고기가 기름지고 부드럽고 쫀득하며 맛이 좋고 향기가 순수하고 입에 넣으면 녹는데 전체 모양이 흩어지지 않는다. 이 요리는 널리 사랑받는 요리이다.

7. 복건요리(福建菜 : 閩菜—min chai)

복주(福州), 천주(泉州), 하문(廈門)의 세 곳이 복건요리를 대표로 한다.

복건요리는 해산물 요리로 유명한데 짠맛, 신맛, 매운맛, 연하고 신선하고, 순수하며 향기롭고 기름지지 않는 특색을 가지고 있다.

불도장(佛跳墻 : 중이 담을 넘다)은 세계적으로 유명한 요리이다. 이 요리는 원료 선택이 까다롭고 불과 시간에 신경을 많이 쓰며 끓이는 그릇의 선택에 독특한 점이 있다. 때문에 짙은 향기가 사방에 풍기고 맛이 풍부하고 순수하며 부드럽고 연하고 입에서 녹는 등 특색이 있다. 주요 원료는 상어지느러미, 부레, 해삼, 버섯, 돼지다리, 닭다리, 햄(火腿), 닭가슴살, 닭 뼈, 오리고기, 패주 및 향주(香酒) 등이다. 재료들을 깨끗이 씻어 살짝 데친 후 직사각형 모양으로 썰어서 그릇 안에 넣은 다음 양념을 하고 재료를 놓고 시루에 넣은 다음 강한 불로 쪄서 큰 단지에 담은 후 향주를 넣고 연꽃잎을 덮고 단지를 밀봉해서 강한 불로 끓이고 약한 불로 푹 익힌다. 먹기 10분 전에 덮개를 열고 연꽃잎에 구멍 몇 개를 뚫어 향주를 부어넣고 5분간 끓여서 술 냄새가 사방에 풍길 때면 먹을 수 있다.

8. 안휘요리(安徽菜 : 徽菜—hui chai)

안휘요리는 산속의 진귀품과 강물의 물고기, 자라 등으로 특색이 있으며 음식 모양에 신경을 쓴다. 안휘요리는 연강(沿江), 연회(沿淮)의 맛을 포함하고 있는데 연강요리는 강에서 잡히는 물고기, 집에서 기르는 가축 요리에 능숙하며 간장으로 볶기, 찜, 연기로 훈제하는 것 등의 기법으로 유명하다. 연회요리는 볶고,

튀기고, 전분을 이용해서 볶기 등에 익숙하며 짜고 신선하며 약간 맵고 국물도 걸쭉하다.

연강의 이름난 요리 중 하나의 조리법을 소개하면 살찐 어린 닭을 골라 간을 맞춘 후 천천히 낮은 온도로 익힌다. 그 과정에 많은 양념을 이용하며 또 연잎으로 싸서 닭고기가 수분을 잃지 않게 하고 맛이 스며들게 하여 맛과 향기가 짙다. 먹을 때는 엷은 병(餅)과, 익은 닭고기, 죽순, 푸른 콩, 버섯으로 만든 오사국(五絲湯)을 양념으로 먹으면 목을 적시는 맛이 한결 기분을 돋운다. 비둘기를 재료로 하는 요리는 먼저, 비둘기를 찬물 속에 넣어 깨끗이 씻어서 진흙 가마에 넣고 생강, 산약 조각, 닭육수, 소흥주, 얼음사탕 및 기타 양념을 넣어 덮개를 덮은 후 시루에 넣고 찜을 하여 익은 후 닭기름을 바르면 곧 먹을 수 있다. 이 요리의 특징은 국물색이 희고 비둘기 고기가 부드럽고 산약이 향기로우며 시루에 쪄서 만든 것이기에 원시적 맛을 잘 보존한다.

중국 명차 황상모봉(黃山毛峰)과 양자강의 진귀한 특산 준치를 이용한 안휘의 훈제요리가 유명하다.

9. 기타 지방요리

위에서 소개한 지방요리를 제외하고도 많은 다양하고 독특한 맛의 지방요리가 있다.

흑룡강(黑龍江)요리는 주로 흑룡강의 야산 진귀품, 수산물, 날짐승을 주요 원료로 하여 삶고, 데우고, 볶고, 생식 등의 기법을 사용하며 그 특징은 기이하고, 신선하고, 시원하고, 보양에 좋다. 유명한 요리로는 장상명주(掌上明珠)가 있다.

섬서(陝西)요리의 특징은 요리 기술이 좋고 향토 맛이 짙으며, 맛이 독특하고 순수하며, 당나라 때를 모방한 근래에 발전된 요리는 그야말로 기묘하다. 유명한 재료로는 계황과 계분, 소고기, 찹쌀과 붉은 대추, 물고기알, 아직 부화하지 않은 달걀, 갑어, 메추리, 토끼고기 등 다양하다.

산서(山西)요리는 특별히 양생(養生)을 중시하며 황호(黃湖)요리 계통에 속하며, 6가지 유형으로 나뉜다.

① 역사와 전통의 명요리이다.

② 지방 품격의 요리이다.

③ 양생에 유리한 요리이다.

④ 가정 일상 요리이다.

⑤ 스님들의 요리이다.

⑥ 개혁되고 새롭게 만든 요리이다.

이상을 개괄하면 산서요리의 특징은 아래와 같다.

불에 굽기, 삶기, 숯불에 굽기 등 기법이 훌륭하며 광둥요리보다 과정이 복잡하고 기술이 다양하다. 양생에 주의를 돌려 북방의 진귀한 보약 약재들이 보조 재료로 요리에 들어가며 보통 재료로 정교롭게 만든다. 두부, 쑤안차이(酸菜) 등은 극히 일반적인 원료이지만 정교로운 가공을 거쳐 상등(上等) 요리를 만들어낸다. 향기가 짙고 맛이 진하며 원시적 맛을 중시하고 씹는 맛이 연하고 맛이 순수하고 뒷맛이 아주 좋다.

영하(寧夏)요리는 영하가 여러 민족이 함께 사는 지구이기에 짙은 지방 특색을 가지고 있다. 영하 지구의 한족(漢族)은 짜고 매운 것을 즐기고 겨울에는 시큼하고 매운 것을 즐기는데 특히 술을 마신 후 酸菜(쑤안차이)로서 술을 깨고 기름진 것을 제거한다. 영하 지구의 회족은 단 음식을 즐기고 이슬람 요리를 기본으로 하며, 간이 음식으로는 란주라면(蘭州拉面)이 유명하다.

감숙(甘肅)요리도 지방 특색이 짙지만 관내 지구 요리 기술의 영향을 받아 유명한 요리가 많다.

내몽골(內蒙古) 요리는 맛이 소박하며 양고기 요리, 불고기, 유지방 등 요리에 능숙하며 유명한 요리들이 많으며 특히 초원의 전통요리인 수파육(手把肉)이 유명하다. 살찐 어린 양(거세한 것)을 골라서 가슴, 배 부위를 6.6cm 정도로 칼로 가른 후 배속에 대동맥을 찾아서 엄지손가락으로 끊으면 양의 피가 흉강 내에 모이고 일부분은 살 속에 남는다. 다음으로 껍질은 벗기고 머리와 발 쪽을 잘라내고 내장과 피를 깨끗이 제거한 후 양을 큰 토막으로 나눈다. 그리고 물을 끓인 다음 고기를 넣고(고기가 물에 완전히 잠기게 한다) 완전히 익지 않게 삶아서 칼로 잘라보아 익으면 접시에 담아서 식탁에 올린다. 이렇게 만든 양고기는 연하고 신선하며 별다른 맛이 있다.

요녕(遼寧)요리의 특징은 지방이 많고 맛이 좀 짠 편이다. 탕 즙이 아주 진하고 신선하고 연하며 푹 익히는 것이 특징이며 요리의 모양이 예쁘고 색깔이 진하다.

길림(吉林)요리는 장춘과 길림 두 곳의 요리로 이루어졌다. 그 특징은 원료 선택이 넓고 맛과 향이 풍부하며 조리 과정에서 칼 사용법, 국자 사용이 세심하다.

경진(京津)요리는 북경시와 천진시 두 곳의 지방요리를 가리킨다. 북경요리는 튀기기, 전분 넣고 볶기, 원료를 절반 익혔다가 수분을 빼고 기름에 튀기고 다시 기름을 빼고 양념과 함께 볶는 요리법, 불 위에 놓고 굽는 요리법, 불 속에 넣고 굽는 것을 주요 요리 기법으로 사용하며 바삭바삭하고 향기롭고, 부드럽고, 신선한 맛이 특색이다.

천진(天津)요리는 한족요리, 회족(回族 : 이슬람)요리를 포함한다. 특히 강, 바다의 산물과 들·날짐승으로 특색을 보인다. 짜고 신선하고 연한 맛을 즐기며 신맛, 단맛, 매운맛도 즐긴다.

무순(撫順)의 백육혈장(白肉血腸)은 만주족의 전통요리이다. 무순대주점(撫順大酒店)의 요리가 가장 특색이 있는데, 금방 잡은 살찐 돼지의 앞다리와 뼈 사이의 고기를 강한 불로 끓이고 약한 불로 푹 익을 때까지 삶으면 비계가 많지만 기름지지 않는다. 돼지피와 신선한 국과 양념을 놓고 큰 사발로 식탁에 올리면 맛이 연하고 순수하며, 마늘과 고추기름을 찍어 먹으면 먹을 때 입에서 향기가 넘친다.

이상으로 중국 각지의 지방요리들을 대략적으로 소개하였다. 각 지방에서 유명한 요리의 풍격, 특징을 주 내용으로 소개하였지만 대략적인 상황을 소개하였을 뿐이다.

중국대륙에서 발달한 요리의 총칭으로 "청(淸)요리" 또는 "중화(中華)요리"라고도 한다. 중국은 오랜 세월을 두고 넓은 영토와 넓은 영해에서 다양한 산물과 풍부한 해산물을 얻을 수 있어, 이들 산해 진품을 이용한 요리는 불로 장수를 목표로 하여 오랜 기간의 경험을 토대로 꾸준히 다듬고 연구되고 개발되어 현재는 세계적인 요리로까지 발전하게 되었다. 다양한 재료의 이용, 맛의 다양성, 풍부한 영양, 손쉽고 합리적인 조리법, 풍성한 외양 등이 중국요리로 하여금 세계 어느 곳, 어느 사람에게나 환영받게 하였다. 중국은 영토가 넓어 지역적으로도 풍토 · 기후 · 산물 · 풍속 · 습관이 다른 만큼 지방색이 두드러진 요리를 각각 특징 있게 독특한 맛을 내는 요리로 발전시켰다. 이처럼 독특한 개성을 지니고 발전해 온 각 지방의 요리는 잦은 민족의 이동과 더불어 상호 교류 · 보완되어 오늘날의 중국요리를 창출해 낸 것이다.

제5장 중국의 술(酒)과 차(茶)

1. 중국술의 역사

　중국술의 역사는 오래되었다. 중국에 현존하는 진(秦)대 이전의 고서(古書) 중에서 술에 대해 언급하지 않고 있는 책은 거의 없다. 하지만 그럼에도 불구하고 이러한 역사서 중에 술이 어떻게 발명되었는지에 대한 기록은 찾아볼 수 없다. 다만 훗날의 사서(史書)와 각종 서적에서 가장 일찍이 술을 제조한 사람에 관한 기록이 간간이 나오지만 이는 모두 확실치 않은 고대문헌에 근거한 것일 뿐이다. 가장 보편적으로 알려진 것이 전설상의 국가인 하(夏)나라 사람 의적(義狄)이 처음 만들었다는 설이다. 하지만 고서의 술에 관한 기록 중에는 위의 주장과 서로 모순되는 내용도 많다. 그리고 두 번째가 두강(杜康)의 술 제조설이다. 이 주장은 일부의 문인과 민간에서 특히 성행했다. 그러나 수많은 역사의 기록들에서는 주나라 훨씬 이전에 이미 술이 존재했다는 사실들이 명확히 드러나고 있다. 누가 술을 만들었고 또 언제부터 사람들이 마셨는지에 대해서는 의견이 분분하지만 중국인들에게는 수천 년 전부터 음주의 습관이 있었으며 현재에도 술 문화는 중국인의 생활양식 중에서 중요한 위치를 차지하고 있음에는 틀림없다. 확실한 것은 중국에 있어서 술은 그저 술 이상의 의미를 갖고 있다는 것이다.

2. 중국의 술

　중국에서는 쌀, 보리, 수수 등을 이용한 곡물을 원료로 해서 그 지방의 기후와 풍토에 따라 만드는 법도 각기 다르며 같은 원료로 만드는 술도 그 나름대로의 독특한 맛을 지니고 있다. 북방지역은 추운 지방이라 독주(백주)가 발달하였으며 남방지역은 순한 양조주(황주)를 사용했다. 산악 등 내륙지역은 초근목피를 이용한 한방차원의 혼성주를 즐겨 마시고 있다. 고대부터 지금까지 중국인들에게는 사람을 사귀고 인격을 논함에 있어서 술이 중요한 척도로 인식되어왔다. 술의 좋고 나쁨을 따지는 기준은 향기가 짙고, 부드러우며, 달콤한 맛이 있고, 뒷맛이 오래가는 점에 있는데, 이것은 중국인들이 사람을 품평하는 기준이 되기도 한다.

　중국의 전통 술은 주로 백주(白酒)["한국에서 소위 '빼갈'(고량주)이라 한다"]인데 술의 성질이 강렬하여 일반적으로 알코올 도수가 50~60도 정도로 매우 독한 것이 특징이며 수수, 옥수수, 벼, 밀, 소맥 등을 원료로 하고 투명한 색을 띠고 있다. 도수로만 따진다면 러시아의 보드카와 비슷하다. 술맛을 아는 중국인들은 대개 이 백주를 선호하고 있으며, 요즈음은 현대적 취향에 맞게 알코올 도수 40도 전후의 고량주들도 많이 시판되고 있다. 또 하나의 전통 술로 황주(黃酒)를 꼽을 수 있는데 이 황주는 찹쌀과 쌀을 주원료로 하여 술 색이 황색이며 약 10~15도 정도이다. 2300년의 전통을 자랑하고 있으며 특히, 소흥지방의 황주가 제일 유명하다. 중국대륙에서는 "加飯酒(가반주)"라 하여 반주로 많이 마시는데 처음 마실 때에는 간장 맛이 나지만 습관이 되면 그 끝맛이 오묘하다. 그 외에 포도주, 과실주, 약주, 맥주 등이 있다.

　● 황주(黃酒)

　저알코올 술(일반적으로 15~20도)로 황색이며 윤기가 있다 해서 그 이름이 붙여졌다. 황주는 곡물을 원료로 해서 전용 누룩과 주약(약초와 그 즙 등을 넣어 배합하고 곰팡이를 피운 것)을 첨가하여 당화, 발효, 숙성의 과정을 거쳐 마지막에

압축해서 만들어진다. 황주의 종류로는 소흥가반주, 심항주 등이 있다.

● 백주(白酒)

백주는 중국을 대표하는 술이다. 고량(高粱) 즉 수수 등의 곡류나 잡곡류를 원재료로 해서 당화발효를 거쳐 증류하는 방법으로 만들어진다. 배갈(白干兒) 즉 고량주는 이 백주를 가리킨다. 보통 알코올 도수가 40~60도가 되고 아주 독한 것은 65도까지 되는 것도 있다. 백주의 종류로는 모태주, 분주, 오량액 등이 있다.

● 과실주(果實酒)

과일을 직접 발효시켜 압착 양조해서 만드는 20도 이하의 저알코올 술로 포도주가 일반적이다.

● 약미주(藥米酒)

한방약초 등을 사용하여 만든 술로 일반적으로 자양강장을 위한 술이기도 하다. 종류로는 오갈피나무의 껍질 등 10여 종의 약초를 고량에 넣어 만든 오가피주, 분주에 대나무 잎 등의 약초를 넣어 만든 죽엽청주(竹葉靑酒) 등이 있다.

3. 중국의 8대 명주(名酒)

현재 중국의 술 종류는 수백 종에 이르고 있고 통상적으로 8대 명주, 10대 명주 등을 말하는데, 사람 혹은 지방마다 조금씩 그 평가 기준이 다르다. 하지만 대체적으로 팔대 명주를 들 수 있다. 1949년 현재의 중국 정부가 수립된 이래 매년 주류품평회가 개최되었는데 중국의 5,500개 증류소에서 출품된 백주 중 뛰어난 술에 금장이 부여되었다. 1953년 연이어 다섯 번의 금장을 수여한 백주가 여덟 개

였는데 이를 팔대 명주라 칭하게 되었다. 팔대 명주는 명주에 걸맞게 가짜도 매우 많다. 가짜 술로 인한 피해사고가 늘어남에 따라 진품을 구별하는 방법으로 붉은색 띠, 리본, 글자, 금메달표시 등의 방법이 생겨났다.

주명(酒名)	생산지(生産地)	알코올도수(度數)
모태주(茅台酒)	귀주성(貴州省)	53%
오량액(五粮液)	귀주성(貴州省)	60%
동주(董酒)	귀주성(貴州省)	60%
죽엽청주(竹葉靑酒)	산서성(山西省)	53%
분주(汾酒)	산서성(山西省)	61%
노주특곡(蘆州特曲)	사천성(四川省)	45%
고정공주(古井貢酒)	안휘성(安徽省)	45%
양하주(洋河酒)	강소성(江蘇省)	48%

1) 마오타이(茅台酒)

중국 귀주성에서 생산하는 마오타이주는 알코올 도수가 53도이며 마오타이촌의 물로 생산된 것이라 하여 마오타이주로 불린다. 이 술은 고원지대의 질 좋은 고량과 소맥을 주원료로 7번의 증류를 거쳐 밀봉 항아리에서 3년 이상 숙성과정을 거친다. 숙성 후 혼, 배합과 포장을 한 뒤 엄격한 검사를 거쳐 합격품만 출고된다. 1915년 파나마 만국박람회에서 스카치위스키-코냑과 함께 세계의 3대 명주로 평가받은 계기로 세계 도처로 퍼져 애주가들의 사랑을 받고 있다.

2) 오량액(五粮液)

당나라 시대에 처음으로 양조된 오량액주는 고량, 쌀, 옥수수, 찹쌀, 소맥 등 5가지 곡물로 양조하여 성공한 것으로 그 향기가 그윽하고 술맛이 순수하며 깨끗한 뒷맛이 일품이다. 중국의 증류주로서 가장 많이 판매되는 술이다.

3) 동주(董酒)

동주는 양질의 고량을 주 원료로 산속의 순수한 산천수를 사용하고 여기에 130종의 유명 약재를 첨가하여 만든다. 풍성한 향과 오묘한 맛을 지니고 있다.

4) 죽엽청주(竹葉靑酒)

죽엽청주와 분주를 생산하는 산서성은 중국술의 전통적인 발원지이기도 하다. 죽엽청주는 고량을 주원료로 10여 가지의 천연약재를 첨가, 양조한 술로 음주 후 나타나는 두통 등의 부작용을 전혀 느낄 수 없으며 기(氣)를 충족시킬 뿐 아니라 혈액을 잘 순환시키는 작용을 한다고 평가된다.

5) 분주(汾酒)

1천5백 년 역사를 자랑하는 분주는 알코올 도수 61도의 고도주(高度酒)로 술 빛이 맑고 빛이 난다.

6) 노주특곡(蘆酒特曲)

45도의 노주특곡은 4백 년의 역사를 지닌 사천성에서 생산되며 향기가 농후하고 순수한 것이 특징이다.

7) 고정공주(古井貢酒)

고정공주(45도)는 술 중의 모란꽃이라는 별명을 갖고 있다. 삼국지의 조조가 화타의 고향 안휘성의 고정(古井)물을 사용하여 만든 이 술을 한제에게 조공을 올려 황제의 칭찬을 받았다고 하는 것이 고정공주(古井貢酒)란 이름이 붙은 유래가 되었다.

8) 양하주(洋河酒)

"양하대곡"이라고도 불리는 양하주는 강소성에서 생산되는데 중국 국내는 물론 여러 대회에서 상을 받았다. 중국의 평주가들은 양하대곡이 달콤하고 부드러우며 연하고 맑고 깔끔한 향기 등 다섯 가지의 특색을 지니고 있어 음주량을 초과하더라도 음주 후 나타나는 불편한 증상이 전혀 없다고 입을 모으고 있다.

4. 중국의 술문화

⑴ 중국요리에 꼭 올라오는 생선요리는 자리한 손님 중 지위가 가장 높은 사람 쪽으로 머리가 향하게 놓는다. 이때 상석에 앉은 손님은 "어두주(語頭酒)"라 하여 먼저 한 잔을 비워야 한다.

⑵ 식사가 시작되면 주인이 손님들에게 돌아가면서 술을 권하는데 보통 첫 잔은 건배(乾杯 : 잔을 완전히 비운다)한다. 또 상대방의 술잔에 술이 얼마가 남았든 첨잔하는 것이 예의다. 상대방이 술을 따라줄 때 연거푸 절해 감사의 뜻을 표하기도 하지만 검지와 중지로 탁자를 가볍게 두드리는 것으로 대신하기도 한다.

⑶ 술 마실 때 부지런히 권하고, 혼자 잔을 들어 마시고 내려놓는 법이 없지만 술잔을 돌려가며 바꾸어 마시지는 않는다.

⑷ 술을 못하는 경우에는 음료수 잔을 들어 상대방에게 술을 권해도 실례가 아니다. 상대방이 술잔을 들어 자신에게 권했을 경우에도 음료수를 마시는 것으로 화답을 해도 무방하다.

⑸ 주의해야 할 말은 건배(乾杯). 중국에서 건배는 말 그대로 "잔을 비우라"는 뜻이다. 건배를 외치고 난 후 잔을 비우지 않으면 이상한 사람으로 오해받을 수도 있다. "마시고 싶은 만큼 마시자"라는 뜻으로는 수의(隨意 : 쑤에이)라는 말이 있다.

어찌 보면 우리의 음주 문화와 다른 부분이 많아 보이나 그리 걱정할 필요는 없다. 중국에는 일반적으로 권계사율(勸戒四醉 : 음주의 4가지 계율)이 있다.

5. 중국차의 기원

중국이 차의 원산지의 하나와 더불어 세계에서 가장 중요한 차의 나라가 된 까닭이 무엇인가에 대한 의문을 가질 수 있다. 이는 중국이 차나무를 처음으로 발견하고 이용하기 시작한 이유로 차에 있어서 지금의 위치에 이를 수 있었던 것이다. 차의 대표적인 원산지로 중국과 더불어 인도를 꼽을 수 있다.

당나라 육우(陸羽)가 쓴 다경(茶經)에서 보면 중국은 오랜전부터 차를 마셔왔다는 기재가 있다. 여기서 신농 황제에 대한 기록이 진실인지 확인할 수는 없지만 이를 통하여 차를 마시기 시작한 기원을 알아볼 수 있다. 고대 중국인들은 차의 효능 때문에 약초의 개념으로 차를 접하다가 저장법이 발달하여 기호 음료로 사용하였을 것이므로, 음료 차의 유래는 농경사회의 식생활 문화와 더불어 발전되었다고 볼 수 있다.

6. 중국차의 역사

중국에서 언제부터 차를 마셨는가에 대해서 분명하게 말할 수 없지만(신농 때부터라고 하지만), 중국에는 적어도 3000년 전에 차가 있었다고 본다. 그러나 문헌상 차 마시기를 즐기는 실제 인물이 등장하는 것은 BC 59년의 일이다. 그 후 위진(魏晉)시대에 접어들기 직전에 차가 사치품 가운데 하나였으며, 동진(東晋)시대에는 진중흥서(晋中興書)에 의하면 사안증(謝安曾)은 손님을 초청하여 다과를 내놓았다고 한다. 이런 사실들로 보면 왕실이나 귀족사회에서는 차를 마시는 습관이 상당히 보편화되었음을 알 수 있다. 남북조(南北朝)시대인 5세기 무렵까지만 해도 중국의 북쪽에서는 아직 차 마시는 것을 그다지 좋게 생각하지 않았으며, 수나라(隋) 때는 문제(文帝)가 그를 괴롭힌 두통을 차를 마셔 해결했다는 기록이 있다. 그러나 수나라가 차 문화의 보급에 공헌하게 된 것은 운하를 대대적으로 건설하여 남쪽 지방의 차를 북쪽으로 손쉽게 운반할 수 있도록 만든 데 있다고 하겠다. 당나라(唐) 때에는 차 마시는 습관이 장안(長安)의 시중까지 퍼지게 되었으며, 이는 차를 즐겨 마시는 것이 하나의 풍속이 되었다. 차에 대한 세금 부과도 이때 발생하였다. 송나라(宋) 때에는 차에 대한 세금을 다과(茶課)라 하였다. 이때는 이미 차가 일반인들에게도 널리 보급되어 생활 필수품처럼 되고 있었기 때문에 송의 재정수입의 1/4이 차의 전매 수입에서 들어올 정도였다. 중국을 원나라(元)가 지배하면서 차 마시는 습관은 북방의 유목민족들에게도 전파되었다. 그들은 차에 버터나 밀크를 타서 마시곤 하였다. 명나라(明)의 주원장이 정권을 쥐면서 그는 지금까지의 차 제조법이 너무 어려운 것을 감안하여 이를 개량토록 하였고, 이때부터는 엽차(葉茶)가 보급되기 시작하였고 남쪽 복건의 단차보다도 절강(浙江)이나 안휘(安徽), 강소(江蘇)의 화중지방이 차의 명산지로 부각되기 시작하였다. 지금도 인기가 높은 용정차(龍井茶), 무이차(武夷茶) 등이 그것이다. 그리고 이때부터 오늘과 같이 뜨거운 물에 불려 마시는 포다법(泡茶法) 방식이 대중화하게 된 것인데 그중에서도 다관에 끓인 물을 절반 붓고 차를 넣은 다음 잠시 뚜껑을 닫았다가 다시 물을 부어 또 잠시 기다렸다가 마시는 중투법(中投法)이 유행하였다. 또한 뚜껑이 달린 찻잔에 뜨거운 물을 붓고 찻잎을 띄워서 찻물이 우러나면 뚜껑을 비스듬히 하여 틈새로 차만을 따라 마시는 충다법(沖茶法)도 이때부터 시작한 방법이다. 청나라(淸)가 들어서고부터는 모리화 따위의 꽃잎을 넣는 화차(花茶)가 유행하기 시작하였다. 이때가 되면 지방도시에까지 다관(茶館)이나 다루(茶樓)가 들어섰다.

7. 중국차의 분류 및 종류

차의 분류에는 시기, 산지, 품질, 제조방법에 따라 여러 가지가 있는데 중국에서는 1980년대부터 차의 기본 명칭을 정리하여 녹색 색소에 대한 감소율과 타닌(폴리페놀)의 함유량에 따라 녹차, 백차, 오룡차(烏龍茶), 홍차, 황차, 흑차의 6대 분류법에 의하고 있는데 이를 통틀어 크게 제다, 품질, 유통에 따라 분류할 수 있다.

차를 만드는 산지와 만드는 방법에 따라 특징적인 이름을 달리 한다.

1) 불발효차(不醱酵茶)

녹차(綠茶)계열로서 크게 찐차와 덖음차로 나눈다.

- 찐차(증제차 : 蒸製茶) : 전차(우후차(雨後茶) : 穀雨 지난 뒤에 따서 만든 차.
- 덖음차(볶은차 : 炒靑茶) : 용정차(龍井茶), 벽라춘차(碧螺春茶), 주차(珠茶), 우레시노차 등이 있다. 녹차를 건조할 때 마지막으로 솥에서 덖어 건조시키면 초청녹차(炒靑綠茶), 햇볕에 쬐어 건조시키면 홍건(烘乾)기계를 사용하거나 밀폐된 방에 불을 때어 건조시키면 홍청녹차(烘靑綠茶), 열 증기 방식으로 제조되어 건조된 녹차는 증청녹차(蒸靑綠茶)라 하여 분류하기도 한다.

2) 반발효차(半醱酵茶)

백차(白茶)와 오룡차(烏龍茶)로 나눈다.

- 백차(白茶) : 백호은침(白毫銀針), 백모단(白牡丹) 등
- 오룡차(烏龍茶) : 원래 오룡차는 50~70%가량 발효정도가 높은 차를 일컫지만 지금은 발효정도가 낮은 철관음차, 수선 등을 포함해서 모두 오룡차라 한다. 무이암차(武夷岩茶), 철관음차(鐵觀音茶), 수선(水仙), 문산포종차(文山包種茶＝淸茶), 동정오룡차(凍頂烏龍茶), 백호오룡(白毫烏龍) 등이 있으며, 포종차(녹차, 홍차 등도 사용)에 모리화(재스민) 등의 꽃향을 흡착시켜 만든 것을 화차(花茶)라 한다.

3) 발효차(醱酵茶)

홍차(紅茶) 계열을 말하는데 기홍 공부차, 다즐링 홍차, 우바 홍차, 아샘 홍차 등이 있다.

4) 후발효차(後醱酵茶)

녹차의 제조방법과 같이 효소를 파괴시킨 뒤 찻잎을 퇴적하여 공기중에 있는 미생물의 번식을 유도해 다시 발효가 일어나게 만든 차를 말한다. 황차(黃茶)와 흑차(黑茶)로 나눈다.

- 황차(黃茶) : 군산은침(君山銀針), 몽정황아(蒙頂黃芽) 등
- 흑차(黑茶) : 보이차(普이茶), 육보차(六堡茶) 등

위의 여러 차들 가운데 오늘날 6대 차라고 불리는 차를 중심으로 중요한 차에 대한 설명을 간략하게 한다.

8. 중국의 6대 명차(名茶)

1) 녹차(綠茶, Green Tea)

찻잎을 따서 바로 증기로 찌거나 솥에서 덖어 발효가 되지 않도록 만든 불발효 차이다. 중국과 일본 등이 주요 녹차 생산국으로 생산되고 있다.

① 용정차(龍井茶)

용정차는 중국녹차의 일종으로서, 용정(龍井, 심한 가뭄에도 물이 마르지 않아 그 속에 용이 산다고 생각하여 붙여진 이름)이란 샘 옆, 용정사란 절에서 재배한 차를 일러 용정차라 한 데서 유래된 명차이다. 용정차의 등급은 차를 따는 시기

이외에도 산지에 의해서도 구분되는데 사봉용정, 매오용정, 서호용정으로 구분된다.

② 동정벽라춘(洞庭碧螺春)

중국의 녹차로서 강소성 소주 오흥현 태호 동정산(洞庭山)에서 난다. 벽라춘은 향기가 높고 맛이 부드러우며 잎이 가늘고 어리며 우려낸 빛깔이 벽록색이다. 만들어진 찻잎은 나선형이고 잎에는 녹용에 있는 털과 같은 것이 있다. 차색은 벽록색이고 찻잎은 소라 고동처럼 나선형을 하고 있고 동정산 벽록봉 아래에서 난다고 하여 벽라춘이라 한다.

③ 황산모봉차(黃山毛峰茶)

모봉차가 생산되는 황산(黃山)은 중국 안휘성의 유명한 명승지로서 중국의 5대 명산 중의 하나이다. 중국의 차 소개서에는 백차로 분류하지 않고 녹차로 분류하고 있다. 찻잎의 빛깔은 황록색이고 우려낸 탕색은 맑고 투명하다. 또한 우려낸 잎도 선명한 황록색을 띠고 있다. 찻잎을 넣고 물을 부으면 찻잎이 둥둥 뜨다가 계속해서 물을 부으면 천천히 가라앉는다.

2) 백차(白茶, White Tea)

백차는 솜털이 덮인 차의 어린 싹을 덖거나 비비기를 하지 않고 그대로 건조시켜 만든 차로서 찻잎이 은색의 광택을 낸다. 백차는 향기가 맑고 맛이 산뜻하며 여름철에 열을 내려주는 작용이 강하여 한약재로도 많이 사용한다. 중국 복건성(福建省) 정화, 복정 등이 주산지이다. 특별한 가공과정을 거치지 않고 그대로 건조시키면서 약간의 발효만 일어나도록 하기 때문에 가장 간단하지만 간단한 만큼 오히려 숙련된 기술을 필요로 하기 때문에 제조방법이 어려운 편이고 아주 귀한 차이다.

① 백호은침(白毫銀針)

백차 중에서도 최고급품으로 봄에 나온 어린 싹만을 따서 만들기 때문에 찻잎 표면에 흰색의 솜털이 붙어 있어 은백색을 나타낸다. 찻잔에 뜨거운 물을 부으면 찻잎이 하나씩 세워져 마치 꽃잎이 춤을 추는 듯이 아래 위로 오르내리는 모양이 매우 우아하다. 또한 향기가 좋고 단맛이 남으며 떫은 맛이 적고, 녹차보다 오래 보관하여도 향미의 변화가 적다.

② 백모단(白牡丹)

백호은침을 만드는 어린 싹보다는 조금 더 자라서 잎이 약간 펴진 상태에서 따서 만든 차로서 가격 역시 약간 싼 편이다. 녹색의 찻잎에 흰색털이 끼어 있는 모양이 목단의 꽃과 같다고 하여 백모단이라는 이름이 붙여졌으며, 향기가 상쾌하고 맛 또한 산뜻하다.

3) 오룡차(烏龍茶, 靑茶, Oolong Tea)

오룡차(烏龍茶)는 중국 발음으로 통상 우룽차로 불리우고 있다. 그러나 우리의 한자 발음으로 그냥 오룡차라 하는 것이 아무래도 친근감이 든다. 이 오룡차는 중국의 남부 복건성(福建省)과 광둥성(廣東省), 그리고 대만에서 생산되고 있는 중국 고유의 차이다. 녹차와 홍차의 중간의 발효정도가 20~70% 사이의 차를 말하며 반발효차로 분류된다.

① 무이산 대홍포차(武夷山大紅袍茶)

무이대홍포는 오룡차의 하나로서 이른 봄 찻잎이 필 때 멀리서 바라보면 차나무의 빛이 활활 타오르는 불처럼 아름다우며 붉은 천을 드리운 것처럼 보인다 하여 붙여진 이름이다. 대홍포는 무이암차 중의 왕이며 산지는 복건성 무이산시 무이산으로서 재배한 찻잎은 하나하나 손으로 작업하며 그 양이 매우 적어 가격은 비싼 편이며, 맛은 순하고 향이 진해 그윽하다.

② 철관음차(鐵觀音茶)

안계 철관음은 오룡차 중의 하나로서 복건성 안계현에서 생산되며 이곳은 산이 많고 사시사철 따뜻하고 강수량이 많다. 철관음은 향이 좋으며 맛이 단데 차를 마신 후에는 입안에 과일향이 난다. 철관음은 다 자란 잎으로 만드는데 차의 가운데는 푸른빛이 나고 가장자리는 붉은빛이 돌며 탕색은 선명한 등황색이다. 그리고 여러 번 우려내어도 맛과 향이 변함이 없다.

③ 수선(水仙)

중국 복건성의 수선(水仙)이라는 차나무 품종으로 만든 차로 찻잎이 길고 큰 편이다. 가열처리를 많이 하기 때문에 약간 태운 냄새가 나며 발효도도 높은 편이라 수색이 갈색을 띤 황색을 나타낸다.

④ 봉황단종(鳳凰單樅, 봉황단총)

봉황단종은 광둥성 조주지역에서 나는 오룡차의 일종으로 그 생산과 소비의 역사는 약 900년이 되었다. 단종차는 봉황수선(鳳凰水仙)의 품종 중에서 우량 차나무를 선발하여 한 그루씩 단주(單株)의 형태로 심어 재배하고, 여기에서 딴 찻잎으로 차를 만든다. 이렇게 만들어진 차에서는 남달리 좋은 향기가 있고, 맛 또한 큰 차이가 있다.

4) 홍차(紅茶, Black Tea)

홍차는 발효 정도가 85% 이상으로 떫은맛이 강하고 붉은색을 나타내는 차이다. 전 세계 차 소비량의 75%를 차지하는 차로서 홍차의 기원 역시 중국이며, 인도, 스리랑카, 중국, 케냐, 인도네시아가 주요 생산국이며, 영국과 영국의 식민지였던 영연방국가에서 많이 소비된다. 홍차도 처음에는 녹차나 오룡차와 같이 잎차 형태로 생산되었으나, 티백의 수요가 늘어남에 따라 티백용의 홍차가 주류를 이루게 되었다.

5) 황차(黃茶, Yellow Tea)

황차는 중국의 6대 차 중 하나이며 역사가 길다. 녹차를 제조하는 과정에서 잘못 처리되어 황색으로 변화되면서 우연히 발견된 황차는 송대(宋代)에는 하등제품으로 취급되었으나 연황색의 수색과 순한 맛 때문에 고유의 제품군을 형성하게 되었다. 대표적인 차로는 군산은침(君山銀針)이 있는데 군산(君山)은 중국 호남성(湖南省) 악양현의 동정호(洞庭湖) 가운데 있는 섬으로서 이 근처에서 생산되는 차가 군산은침이다.

6) 흑차(黑茶, Dark green Tea)

중국의 운남성(雲南省), 사천성(四川省), 광서성(廣西省)에서 생산되는 후발효차로서 찻잎이 흑갈색을 나타내고 수색은 갈황색이나 갈홍색을 띤다. 보이차(普洱茶)는 중국의 운남성에서 생산되는 후발효차로서 운남의 대엽종 찻잎으로 만드는 차로서 보이현에서 모아서 출하하기 때문에 "보이차"라고 한다. 알칼리도가 높고 속을 편하게 해주며 숙취 제거와 소화를 도와주는 작용을 한다. 체내의 기름기 제거 효과도 강하여 기름기가 많은 음식에 잘 어울리며 곰팡이균을 번식시켜 만들기 때문에 특유의 냄새가 있다. 홍콩이나 싱가포르, 광둥지방에서 주로 많이 소비되고 있으며 오래 숙성시킬수록 가격이 비싸다.

7) 기타-화차(花茶)

화차는 향편(香片)으로도 불리며, 포종차(포종차만을 사용하는 것은 아니다)에 모리화를 섞어 만들어 내면 모리화차가 되고 옥란화를 섞어 만들면 옥란화차가 된다. 이 밖에 화차를 만들 때 자주 이용하는 꽃으로는 주란화, 계화, 대란, 장미 등이 있다. 다만 화차에서 화는 "객"이고 차가 "주"로서, 70% 차에 30% 화의 원칙하에 만들어진다. 모리화차(茉莉花茶, 재스민차), 국화차(菊花茶), 팔보차(八寶茶), 장미꽃차(玫瑰茶) 등이 있다.

제6장 중국요리 도구

중국에서 조리에 이용되는 칼은 투박한 생김새와 달리 사용되는 용도는 상당히 다양함을 볼 수 있다. 중국음식에 사용되는 칼은 넓고 묵직해 보이지만 손에 익으면 속도도 빠르고 야채의 손상도 작으며 편리하다.

● 菜刀(cai dao)

야채를 정선하거나 자르거나, 베거나 재질이
연하고 부드러운 식재료에 이용되는 칼이다.

● 斬刀(zhan dao)

육류나 뼈가 있는 식재료를 자르는 데 사용
되는 칼이다.

● 磨刀石(mo dao shi)

칼을 날카롭고 잘 절단할 수 있도록 연마할 때 사용되는
도구이다.

● 削皮刀(xiao pi dao)

야채의 껍질을 벗길 때 사용되는 도구이다.

● 量勺(liang shao)

계량스푼으로 소스의 양이나 소금,
설탕 등을 정확하게 계량하여 사용할
때 편리하게 사용되는 도구이다.

● 面机(mian ji)

제면기는 밀가루를 반죽하여 평편하게 롤러로 밀어 국수
가닥을 뽑아낼 때 사용되는 기계로 사용 시 손을 다치지 않
도록 주의해야 한다.

● 面杖(mian zhang)

딤섬이나 밀가루를 점성 있게 만든 다음 평편하게 혹은
둥근 모양으로 밀 때 사용되는 나무 밀대이다.

● 耳锅(er guo)

손잡이가 두 개 달린 양수팬으로 중국의 남쪽 지방인 광
동, 홍콩 등에서 많이 사용되는 팬이다. 중국의 팬은 움푹
하게 파여 있어 튀기거나 볶거나 삶기, 끓이기 등을 하나
의 팬에서 모두 사용할 수 있기 때문에 요리 시 상당히 빠
르고 합리적이다.

● 炒锅(chao guo)

손잡이 막대가 하나 달린 것으로 중국의 북쪽 지방에서 많이 사용되는 팬이다. 특히 우리나라의 중국음식이 전파된 곳이 산둥성에서 이주한 화교들이 많은 관계로 우리나라 중국음식점에서 요리 시에 사용되는 중국 팬은 모두가 이 편수팬을 사용하여 음식을 조리한다.

● 炒勺(chao shao)

국자는 긴 모양을 가지고 있어 소스에 손을 다치는 것을 방지할 수 있으며 합리적으로 요리할 수 있는 장점이 있다. 또한 요리의 식재료를 담아 팬에 넣기도 하고 완성된 요리를 그릇에 담기도 한다. 구멍이 뚫려 있는 작은 국자도 있으며 주둥이가 넓적한 우리나라의 뒤집게 형태를 가지고 있는 것도 있어 요리 용도에 따라 달리 사용할 수 있다.

● 网筛(wang shai)

팬에서 삶은 재료나 데쳐낸 재료 혹은 튀겨낸 재료를 건져낼 때 사용되는 도구. 그물망의 형태로 구멍의 크기엔 여러 종류가 있다.

● 蒸屉(zheng ti)

딤섬이나 만두를 찔 때 사용되는 도구로 물을 끓여서 위에 올려 사용하고, 1인분 용량에서 대용량까지 종류가 다양하고 대나무 재질로 이루어져 있다.

● 刷子(shua zi)

　대나무 솔은 팬에 음식을 조리한 다음 물을 넣고 씻어낼
때 사용되는 도구로 중화렌지 앞에는 물이 나오는 설비가
있어 따로 세척하는 공간이 필요하지 않고 바로 물로 세척
할 수 있는 장점이 있으나 솔에 대나무가 빠질 수 있으므로
주의를 기울여야 한다.

● 油桶(you tong)

　기름을 담아 놓을 수 있는 기구로서 위에 그물망을 걸쳐
올려 놓고 기름에 튀긴 재료를 담아 기름을 제거할 수도 있
다.

중화요리에 사용되는 중화렌지

　중국음식에서 무엇보다 중요한 것은 불의 세기와 조절이라고 할 수 있다. 불
의 기운을 얼마나 잘 조절하고 장악하느냐에 음식의 맛이 좌우된다고 할 수 있
다. 화덕이라 부르는 중화렌지는 일반적으로 조작법이나 크기와 형태가 조금씩
다르지만 강한 불을 사용한다는 점은 같다고 할 수 있다. 이곳에서는 딤섬을 제

외하고는 소스 만들기, 끓이기, 튀기기, 삶기, 데치기 등의 대부분의 요리가 탄생한다. 이 화덕에는 물이 앞에서 뒤쪽으로 화덕을 감싸고 항상 흐르도록 설계되어 있어 요리 시에 항상 청결을 유지하고 강한 온도에서 조리할 수 있도록 한다. 화덕 앞에는 육수통과 물통을 놓아 요리시 사용이 편리하게 하고, 옆에는 기름통과 그물망을 두고 튀김하여 바로 건질 수 있도록 준비되며 양념통을 준비하여 바로 양념을 첨가하여 빠르게 요리를 만들 수 있도록 한다.

제7장 중국요리의 식재료와 소스

1. 중국요리의 식재료

중국요리에는 많은 식재료가 활용되고 사용된다. 모든 것을 식재료로 활용한다는 말이 있을 정도로 중국인들의 요리 재료 선별은 다양하다고 할 수 있다. 여기서는 중국음식에서 사용되는 다양한 식재료와 소스를 소개한다.

1) 야채류

● 양송이버섯(洋蘑菇 : Yang mo gu)

양송이버섯은 갓이 너무 피지 않고 갓 주변과 자루를 결합시키는 피막이 터지지 않은 것이 좋다. 보관 시에는 신문지에 싸서 습기를 제거하고 냉장고에 넣어

보관한다. 신선한 것과 캔으로 된 것이 있으나 신선한 것은 장기간 보관이 어렵기에 캔으로 된 양송이버섯을 많이 사용한다. 사용 시에는 꼭지를 제거하고 썰어서 요리의 종류에 알맞게 사용한다.

● 표고버섯(香菇 : Xiang gu)

표고버섯은 중국요리에서 많이 사용되고 있으며 말린 것은 물에 불려 사용하기도 하고 신선한 표고버섯도 사용한다. 신선한 표고버섯은 향이 좋으나 요리 시 정선할 때 힘이 들고 모양이 좋지 않아 캔으로 사용하는 경우가 많다. 사용 시에는 꼭지를 제거하고 물에 한 번 데쳐서 칼로 저며 사용하거나 채를 썰어 사용하기도 한다.

● 죽순(竹筍 : Zhu sun)

죽순은 대나무의 땅속 줄기에서 이른 봄부터 돋아나는 어리고 연한 싹이다. 마디 사이가 매우 짧기 때문에 각 마디에 1개씩 좌우 교대로 붙어 있는 대나무 껍질이 두 줄로 단단하게 감싸고 있다. 내벽에 종이 모양으로 부착해 있는 것을 죽지(竹紙)라 한다. 죽순은 식용과 약용으로 흔히 사용되고 있다.

사용부위는 죽순 전체를 약재로 사용할 수 있으며, 봄에 채취하여 사용한다. 약효는 건위와 불면증을 치료할 수 있다. 사용법은 죽순을 삶아서 나물을 하거나 탕 등에 넣어서 먹거나 삶아서 말린 후 나물을 하여 먹으면 된다.

죽순을 조리할 때는 쌀겨나 쌀뜨물에 담가 좋지 않은 성분인 수산이 녹아 나오게 한다. 이렇게 하면 죽순에 들어 있는 여러 성분이 산화되는 것을 방지하게 되며 쌀겨 안에 있는 효소의 작용으로 죽순이 부드럽게 되어 훨씬 맛이 좋아진다.

죽순은 생장 중에 있는 어린 식물이므로 시간이 흐를수록 많은 양의 아미노산과 당질을 소모하고 맛도 떨어지게 된다. 수확 후에 되도록 빨리 조리하거나 가공하는 것이 좋다.

● 후두고 버섯(猴頭菇)

원숭이머리를 닮았다고 하여 원숭이머리버섯이라고도 하고, 우리나라에서는 노루의 엉덩이에 꼬리 형태를 닮았다고 하여 노루궁뎅이버섯이라고도 불린다.

노루궁뎅이버섯은 오래전부터 식용과 약용으로 중국에서는 오랜 역사를 가지고 있으며 청나라 황제는 매일 노루궁뎅이버섯을 먹었다고 한다. 이 버섯은 항암작용이 뛰어나다고 하며, 치매예방과 당뇨병 개선작용도 있다고 한다. 볶음이나 육류 요리에 곁들이는 용도로 사용된다.

● 양상추(洋生菜 : yang sheng cai)

양상추는 아삭한 식감이 좋은 장점을 가지고 있으며 보관에 주의를 기울여야 하며 손으로 찢어서 차가운 물에 담가두면 아삭한 식감을 제대로 즐길 수 있다.

● 셀러리(西芹 : xi jin)

셀러리는 중국에서 사용된 시기는 그다지 오래되지 않았으나 서양의 요리와 융합되는 과정에서 중국의 식재료와 같이 사용되고 있다. 중국 신강요리에 많이 사용된다.

● 오이(黃瓜 : huang gua)

오이는 황과라고 하며 냉채요리나 반찬용으로 사용된다. 표면에 가시를 제거하고 세척하여 채로 썰기도 하고 막대 형태로 잘라 볶아서 먹기도 하며 국을 끓여 먹기도 한다.

● 브로콜리(西蘭花 : xi lan hua)

브로콜리는 중국의 홍콩이나 광둥요리에 많이 사용되고 요리에 곁들여 사용된다. 한 개씩 한입 크기로 잘라 사용한다.

● 가지(茄子 : qie zi)

가지는 열매는 원통형으로 긴 장가지형, 긴 달걀모양의 장란형, 동그란 모양의 구형 등이 있으며, 크기도 다양하고 색상도 흑자색, 백색, 황색, 연보라색, 주황색, 녹색, 줄무늬 녹색 등 여러 가지가 있다. 조리 시에는 한 번 데치거나 기름에 튀겨서 양념하여 사용된다.

● 호박(西葫芦 : xi hu lu)

호박은 남과라고 하며 1년생으로 온
대 또는 열대의 고온다습지대에서도
재배된다. 식감도 좋고 값도 저렴하여
중국요리에 많이 사용된다.

● 팽이버섯(金针菇 : jin zhen gu)

송이과 버섯의 일종. 팽나무, 감(울타리), 무화과나무 등
의 그루터기 위에 성장하는데, 현재는 인공 재배품이 주류
를 이루고 있다. 자생의 것과 인공재배의 것은 형태가 전
혀 다르며, 인공재배하면 연백(軟白)이라는 형상으로 된
다. 담자균류에 속하는 버섯차를 담그는 원료가 된다.

● 양파(洋蔥 : yang cong)

양파는 중국요리에서 빠져서는 안 되는 대표적인 식재
료이다. 우리나라에서는 짜장을 볶을 때 단맛이 나게 하는
대표적인 재료로 많이 사용된다.

● 당근(葫萝卜 : hu luo bo)

당근은 식감이 아삭하고 영양성분이 많아 신선하게 먹기
도 하고 볶아서 먹기도 하며 요리를 돋보이게 조각할 때 많
이 사용된다.

● 피망(青椒 : qing jiao)

피망은 아삭한 질감을 사용할 때 이
용되고 색감을 표현할 때 많이 사용한
다. 비타민의 함량이 많다. 고추는 2천
년 전부터 식용으로 사용되어왔으며

비타민 C의 함량이 많으며 중국에서는 사천요리에 말린 고추가 많이 사용되고
있으며, 매운맛이 강하여 요리에 한정되어 사용되나 피망은 매운맛이 적어 어떤
요리에도 사용이 가능하다.

● 고구마(地瓜 : di gua)

중국인들도 고구마를 즐겨 식재료에 사용하기도 한다.
그냥 구워먹거나 쪄서 먹기도 하지만 기름에 튀겨 실을 뽑
아내는 발사라고 하는 조리법을 이용한 우리나라의 맛탕
과 같은 형태의 디저트에도 사용된다.

● 마늘(蒜 : suan)

마늘은 아시아가 원산이며 몸을 따뜻하게 하고 콜레스테
롤 수치를 낮춰주는 효과가 있으며 동맥경화에도 좋다. 마
늘은 비타민이 풍부하고 칼슘이나 철분의 함량도 높다. 우
리나라 요리에 없어서는 안 되는 재료이다.

● 생강(薑 : jiang)

고대로부터 향신료로 사용되어왔으며 쓴맛과 매운맛을
지니고 있으며 약재로도 사용되며 고기의 누린 냄새와 잡
냄새 제거에 사용된다. 우리나라에서는 생강 향을 싫어하

는 사람들이 있어 사용에 주의가 필요하나 중국에서는 우리나라에서 마늘을 많이 사용하듯 생강을 많이 사용한다.

● 파(葱 : cong)

서양에서는 파의 사용이 많지 않으나 동양권에서는 많이 사용된다. 향이 좋아 파란색과 흰색 모두 사용하고 중국요리에서도 많이 사용되며 파를 기름에 튀겨 그 기름으로 요리를 볶는데 사용하여 향을 더할 수 있다.

● 부추(韭菜 : iu cai)

선명한 초록색을 띠며 독특한 냄새가 있으며 매운맛이 약간 있다. 중국에서는 부추를 햇볕을 차단하여 노랗게 만들어 먹는데 맛은 상당히 산뜻하고, 식감이 부드럽다. 딤섬에도 많이 이용되고 볶아서 먹기도 한다. 우리나라에서는 부추에 소금을 넣어 볶아서 요리로 사용한다.

● 작채(榨菜 : zha cai)

작채는 절임 짠지로 중국에서는 이것을 짠맛을 제거하고 고기와 같이 볶아내거나 죽이나 만터우와 같이 먹는다. 우리나라의 김치와 같은 역할을 한다.

2) 곡류와 가루 형태

● 전분(淀粉 : dian fen)

전분은 중국음식에서 소스가 있는 뜨거운 요리를 만들 때 반드시 첨가된다. 감자전분과 옥수수전분을 사용하며 튀김을 할 때도 많이 사용된다. 전분은 물과 동량으로 침전시켜 놓았다가 요리의 농도를 맞출 때 사용하며 기름이 많은 중국요리에서 요리와 기름 사이에서 분리되는 것을 방지하기도 하고 요리가 식는 것을 어느 정도 해결해 주기도 한다.

● 시미로(西米露 : xi mi ru)

사고야자나무의 전분으로 건조시켜 알갱이 형태로 만든 것으로 사용 시에는 뜨거운 물에 데쳐 찬물에 식히면 맑은 투명한 상태로 후식의 고명으로 사용하면 좋다.

● 누룽지(鍋粑 : guo ba)

찹쌀로 만들어 사용되며 사용 시에는 기름의 온도를 160~170도로 하여 바삭하게 튀겨서 기름을 제거하고 요리에 함께 사용한다.

● 소다(苏打 : su da)

중국의 토양은 산성의 토양에 가깝기에 이곳에서 나오는 물 역시 면 반죽에는 적합하지 않기에 알칼리로 중화시키는 작용을 소다를 첨가하여 사용하였다. 또한 연육제로 소다를 사용하여 고기를 부드럽게 하는 데 이용하였다.

● 화권(花卷 : hua juan)

화권은 밀가루를 반죽하여 만든 빵으로 모양이 특이하며 단독으로 먹기보다는 요리와 같이 뜨거울 때 곁들여 먹는 데 사용된다. 우리나라에서는 고추잡채와 같이 곁들여 이용된다.

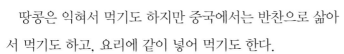
● 땅콩(花生米 : hua sheng mi)

남아메리카 열대지방이 원산지인 땅콩은 인도 · 중국 ·
서아프리카와 미국이 무역량이 가장 많은 생산국이다.

땅콩은 익혀서 먹기도 하지만 중국에서는 반찬으로 삶아
서 먹기도 하고, 요리에 같이 넣어 먹기도 한다.

● 오향(五香 : wu xiang)

오향은 하나의 줄기에 다섯 개의 가지가 있으며, 하나의 가지에 다섯 개의 잎
이 있고, 잎 사이마다 다섯 개의 마디가 있어 오향(五香)이라고 한다. 일반적으로
오향은 산초, 팔각, 회향, 정향, 계피의 다섯 가지 향이 있는 것을 말하기도 하며,
중국음식에서 공통적으로 나는 냄새는 이것을 사용하기에 그렇고, 고기의 누린맛
을 제거할 때 사용되며 차가운 냉채 요리에 많이 사용되는 중국음식에서 빠져서
는 안 되는 재료 가운데 하나이다.

3) 해산물

● 관자(帶子 : dai zi)

조개 내부에 안쪽에 붙어있는 단단하게 질긴 근육으
로 키조개의 관자는 일반 관자보다 크며 이물질과 겉
표면의 얇은 막과 모래를 제거하여 요리에 많이 이용
된다.

● 새우(蝦 : xia)

새우는 종류가 상당히 많으며 한대지방과 열대지방
까지 다양하게 분포하고 있으며 일반적으로 대 · 중 ·

소로 분류하기도 한다. 껍질을 벗겨 사용하기도 하고 껍질 그대로 사용하기도 한다. 중국요리에도 새우의 사용이 상당히 많으며 중국인들은 다양한 방법을 응용하여 요리를 만들어낸다. 우리나라에서는 간소새우(乾燒蝦仁 : 고추기름 두반장 등을 이용한 매콤한 요리)가 대표적으로 사랑받는 요리이기도 하다.

● 해삼(海蔘 : hai shen)

땅에는 산삼, 바다에는 해삼이라는 말이 있듯이 매우 귀중한 식재료이다. 해삼은 영양이 풍부하여 스태미나에 좋으며 철분과 칼슘을 많이 함유하고 있다. 진나라 황제인 진시황은 불로장생에 해삼을 꼽을 정도로 영양가치를 높게 평가하였다. 중국의 수(水)팔진에

서도 해삼은 빠지지 않는 품목으로 유명한 요리들도 많이 탄생시켰다. 중국에서는 살아있는 해삼보다는 건화된 해삼을 선호하여 불리는 과정을 거쳐 수많은 이름 있는 요리로 만들었다. 국내에서는 완도산 해삼을 으뜸으로 여기고 있으며 모든 해산물 요리에는 해삼이 반드시 들어가야 한다고 한다.

● 소라(海螺 : hai luo)

소라는 연체동물 복족류 소라과에 속하는 한 종류를 말한다. 수심 10m 정도에서 서식하고 있으며, 껍데기는 자개나, 장식품으로 사용되고 소라 살은 식용한다. 국내에서는 냉동된 소라 살을 해동하여 중국음식을 만

들 때 많이 사용한다. 볶는 요리나 면 요리 등에 많이 사용되고 있으며, 쫄깃한 식감이 매우 좋은 식재료이다.

● 오징어(魷魚 : you yu)

오징어는 연체동물로 머리, 몸통, 다리로 분류된다. 열 개의 다리가 있으며, 몸은 원통형이고 그 끝에는 세모 형태의 지느러미가 있다. 천적을 만났을 때는 먹물을 뿌리고 도망을 가기도 하고 환경에 따라 색을 바꿀 수도 있다. 국내에서는 오징어를 말려 식용하기도 하고 데쳐서 먹고, 생으로도 먹으며 야채와 같이 볶아서도 먹는다. 요즘은 국내 생산량이 적어 외국에서 냉동으로 수입되기도 한다. 오징어는 예전부터 동해안에서 잡히는 것이 좋다고 한다.

● 제비집(燕窩 : yan wo)

바다제비집의 집을 채취하여 식용으로 사용한 것으로, 중국에서는 역대 황제들이 탕이나 수프로 애용하였다. 역대 중국의 진귀한 식재료에 포함되며 채취과정이 매우 어렵고 험하여 제비집은 매우 고가의 식재료에 속한다. 금사연이 최고의 제비집으로 여기고 있으며 제비집은 등급에 따라 관연(官燕), 모연(毛燕), 혈연(血燕) 등으로 나뉜다. 제비집은 색이 희고 이물질이 없고 모양이 부스러지지 않은 것이 좋다. 말린 것이 음식 재료로 사용되며 불리는 과정을 거치는데 이때 정성스런 손질이 필요하다. 현재는 탕이나 수프로 혹은 후식으로도 사용된다.

● 상어지느러미(魚翅 : yu chi)

상어지느러미는 크게 등지느러미와 가슴지느러미, 배지느러미, 꼬리지느러미 등이 있다. 상어지느러미 요리는 중국 각 요리 계파에서 모두 볼 수 있는데 제

비집과 함께 팔진에 속하며, 주로 연회석의 두채(頭菜)로 많이 활용된다. 특히 광동지방에는 상어지느러미가 없으면 연회라 할 수 없다고 한다. 상어지느러미의 종류는 매우 다양하고, 각 지방마다 명칭도 다르다. 일반적으로 지느러미는 그 부위 및 가공, 가공품의 외형에 따라 나누기도 하고, 상어의 종류에 따라 나누기도 한다. 이 밖에 지느러미의 외관에 드러난 색깔에 따라 분류하기도 한다. 일반적으로 상어지느러미는 등지느러미 부분이 가장 좋다.

상어지느러미 건제품 100g에는 단백질이 83.5g 함유되어 있으나, 트립토판이 부족하여 불완전단백질에 속한다. 그러므로 트립토판이 많이 함유된 식자재와 함께 섭취하는 것이 좋다. 돼지고기, 소고기, 닭, 오리, 새우, 게, 패주 등을 넣어 영양을 서로 보충하거나 요리 시에는 청경채나 유채와 같은 채소와 같이 곁들인다. 그 밖에 칼슘, 인, 철 등이 함유되어 있으며, 중의에서 보면 지느러미는 맛이 달고 평한 성질을 갖고 있으며, 기를 돕고 식욕을 촉진시켜 주는 기능이 있다고 한다. 물로 불리는 방법을 수발법(水發法)이라 하는데 먼저 상어지느러미는 딱딱한 것과 부드러운 것, 두꺼운 것과 얇은 것, 짠 것과 싱거운 것, 등지느러미, 가슴지느러미, 꼬리지느러미가 있어 분별로 불려서 제일 좋은 것을 선택한다.

먼저 상어지느러미의 얇은 부분을 제거하고, 차가운 물에 10~12시간 넣은 후 다시 끓는 물에 넣어 1시간 정도 끓이고, 물이 식으면 모래나 이물질을 제거하고 지느러미의 뿌리 부분을 제거한다. 그런 후 솥에 닭육수, 파, 생강, 소흥주를 넣고 끓인 후 상어지느러미에 부어 찜통에 1시간 정도 찜을 한 후 지느러미 뼈와 상한 부분을 제거하고, 다시 맑은 물에 조미품을 넣고 다시 1시간을 찜을 한다. 이와 같이 몇 번을 반복한다. 이렇게 하면 잘 불려지고 투명하게 되며, 이상한 맛이 없을 때 다시 깨끗한 물에 집어 넣어 씻어 바로 사용할 수 있다. 이것을 당장 사용하지 않을 때는 냉장고에 냉장이나 냉동하여 필요시에 상어지느러미를 그릇에 담고 여기에 닭, 햄, 생강, 파를 넣고 찜을 하여 부드럽게 한 후 요리로 사용한다.

2. 중국요리의 식재료 정선법

● 괴(kuai : 块)

덩어리 형태로 토막으로 자르는 방법이다. 2~3cm의 크기로 자르는 방법이다. 육류나 덩어리로 잘라 조리해야 하는 식재료를 정선할 때 사용된다. 끓이거나 오랫동안 끓이는 용도의 조리법에 적당하다.

● 조(條 : tiao)

조는 막대 형태로 자르는 것을 말하며 0.5~1cm의 두께로 자르며 길이는 4~5cm 정도이다. 볶는 요리나 튀김 요리에 많이 사용된다.

● 정(丁 : ding)

주사위 형태의 모양으로 써는 것을 말하고 가로와 세로 1.5cm의 크기로 자르는 것을 말한다. 채소나 육류 어떤 식재료도 가능하고, 다양한 요리에 많이 이용되는 써는 방법이다.

● 편(片 : pian)

편은 재료를 직각으로 썰거나 눕혀 저미는 형태로 식재료를 정선하는 방법이다. 두께는 사용되는 요리에 따라 다를 수 있으나 일반적으로 0.1~2cm까지 다양하며 어류나 육류, 버섯, 당근, 죽순 등이 해당된다. 튀김요리나 볶는 요리, 생으로 먹는 요리에도 적합하다.

● 사(絲 : si)

사는 0.1~0.2cm의 편으로 잘라 가늘게 채를 써는 방법으로 얇은 편을 여러 장 겹쳐놓고 일정하게 가늘게 써는 방법이다.

● 입(粒 : li), 모(末 : mo)

입은 먼저 편으로 썬 다음 사(絲)로 썰어 다시 0.2cm의 쌀알 크기로 잘라내는 것을 말한다.

모는 입보다 작은 사이즈로 0.1cm 크기로 다지는 방법이다. 서양요리의 chop과 같다고 할 수 있다.

● 니(泥 : ni)

니는 재료에 힘줄과 껍질을 제거하고 칼로 아주 곱게 다지는 것이다. 닭고기나 생선, 새우 요리에서 점성과 입안에서 느끼는 감촉을 증가시키기 위해 돼지지방이나 딤섬에 사용되는 새우살을 곱게 다지는 것이다.

3. 중국요리의 소스와 조미료

- tang [糖 : 설탕]
- bai tang [白糖 : 흰 설탕]
- hong tang [紅糖 : 붉은 설탕]
- bing tang [氷糖 : 얼음설탕]
- feng mi [蜂蜜 : 꿀]
- yan [鹽 : 소금]
- cu [醋 : 식초]
- jiang you [醬油 : 간장]
- dou jiang [豆醬 : 된장]
- jiu [酒 : 술]
- la jiao [辣椒 : 고추]
- hong la jiao [紅辣椒 : 붉은 고추]

- qing la jiao [靑辣椒 : 풋고추]
- la you [辣油 : 고추기름]
- xiang you [香油 : 참기름]
- zhu you [猪油 : 돼지기름]
- dou you [豆油 : 콩기름]
- hua sheng you [花生油 : 땅콩기름]
- cai you [菜油 : 채종유]
- huang you [黃油 : 버터]
- dou ban jiang [豆瓣醬 : 고추장]
- fu lu [腐乳 : 순두부]
- jiang dou fu [醬豆腐 : 두부장]
- hao you [油油 : 굴기름]

● 굴소스(蚝油 : hao you)

굴을 발효시켜 만든 중국의 대표적인 조미품이다. 중국의 광둥성이나 복건성 일대에서 많이 생산되고 색은 진한 갈색을 띠고 있으며 짠맛이 있고 단맛도 있고, 신선한 향이 있

어 육류나 채소를 볶을 때 간장 대용으로 사용하면 윤기와 색은 물론 감칠맛을 낼 수 있으며, 볶음 요리뿐 아니라 조림, 찜, 구이 등 다양한 요리에 사용할 수 있고, 육류를 재울 때 사용하면 잡내를 잡아주는 기능도 한다.

● 두반장(豆瓣醬 : dou ban jiang)

중국의 사천요리에서 가장 많이 사용되는 양념인 두반장은 붉은색으로 고추, 소금, 그리고 발효시킨 잠두로 만든 걸쭉하고 풍미가 강한 장으로 사천성 대부분에서 제조된다.

들어가는 재료의 가짓수는 많지 않지만, 두반장은 발효 및 숙성 과정 중에 매운 정도나 향미가 매우 다양하다. 시간이 지나면 고추의 매운맛이 누그러지므로, 오래 묵힌 장일수록 덜 매우며, 대신 더욱 복합적인 맛을 얻을 수 있다. 짠맛과 매운맛이 강하여 조미할 때는 신경을 많이 기울여야 하며 볶아서 사용하기도 한다. 일반적으로 볶는 요리에 많이 사용된다. 그러나 한국인들이 좋아하는 매운맛의 향과 사천 지방의 매운맛에는 차이가 있으므로 이 점을 반드시 주의해야 한다.

● 노두유(老抽 : lao chou)

음식의 색을 내기 위해 사용되는 짙은 색의 중국식 간장이다. 맛은 진하고 농도가 있으며 단맛이 있는 것이 특징이다.

● 해선장(海鮮醬 : hai xian jang)

해선장(海鮮醬)은 중국요리에 사용되는 조미료이며, 호이신(Hoisin)이라고도 부른다. Hoisin이란 해선(海鮮)을 광둥어로 발음한 것이다. 해선장은 해산물이 연상되지만, 해선장을 만들 때 해산물은 사용하지 않는다. 전통적으로는 고구마를 이용하여 해선장을 만들었으나, 오늘날 해선장은 물, 설탕, 대두, 식초, 쌀, 소금, 밀가루, 마늘, 고추, 그리고 약간의 식용색소를 이용하여 만든다. 대두를 발효시켜 만든다는 점에서 춘장과 유사하지만, 마늘, 식초, 고추가 들어간다는 점이 다르며, 춘장보다는 톡 쏘는 맛이 적다. 짠맛과 단맛이 주로 나며 특유의 고소하면서도 독특한 향을 내기 때문에, 구이용 소스, 찍어먹는 소스를 비롯하여 재우는 요리에 향을 더하거나 국물에 간을 맞출 때 사용하는 등 다양하게 이용된다. 중국에서는 북경 오리를 찍어먹을 때 많이 사용된다.

● 매실소스(梅實醬 : mai shi jiang)

매실을 주원료 만들었으며 달콤하고 상큼한 맛을 내며 튀김 요리 등에 찍어 먹기 적합하다.

● 바비큐소스(烤肉醬 : kao rou jiang)

소고기, 돼지고기 등을 양념할 때 혹은 양념장으로 발라서 구우면 달콤한 맛과 향을 즐길 수 있다.

● 마늘콩소스(豆豉醬 : dou chi jiang)

발효시킨 콩과 마늘을 으깬 후 갖은 양념을 섞어 만든 소스로 육류 및 생선 찜요리 또는 볶음 요리에 사용하면 비린내를 없앨 수 있을 뿐 아니라 발효콩의 진하고 고소한 맛을 느낄 수 있다.

● 닭요리 소스(鸡汁 : ji zhi)

간장을 베이스로 하여 단맛을 내는 소스로 주로 조림용으로 쓰이며 음식에 윤기를 더해주고 육류를 재울 때 사용하면 비린내를 없앨 수 있다. 닭고기 외에 두부, 생선조림 등에도 사용하며, 볶음 요리나 국수, 밥 등의 양념장으로 사용할 수 있다.

● 탕수육 소스(酸甜酱 : suan tian jiang)

토마토, 파인애플이 들어있어 새콤달콤한 요리에 사용하기 적합하며 튀김요리와 곁들여 먹는 소스로도 사용할 수 있다.

● 고추마늘 소스(辣椒酱 : la jiao jiang)

고추와 마늘을 주원료로 하여 매콤한 맛과 향이 특징이며, 육류, 해물 등의 볶음 요리나 튀김 요리 등에 찍어 먹는 소스로 사용할 수 있으며, 한식의 김치찌개나 김치전골 등 김치가 들어가는 요리에 잘 어울리며, 마늘이 들어가 있어 조리 중 마늘을 따로 넣지 않아도 되고, 생선조림이나 구이에 사용하면 비린내를 줄여준다.

● 칠리소스(干烧汁 : gan shao zhi)

고추와 마늘이 배합되어 있어 느끼하지 않고 상큼한 맛을 내며, 볶음 요리나 새우 소스에 첨가하면 칼칼한 맛을 낼 수 있다.

● X.O소스

소스의 프리미엄으로서 각종의 조개, 새우, 관자, 햄 등의 재료를 혼합하여 만든 소스이다. 국수, 육류, 해산물 요리, 채소요리, 두부요리, 밥 요리 등에 사용된다.

● 캐러멜

중국요리에서 색을 내거나 단맛을 증가시키는 목적으로
사용한다.

● 치킨 파우더(鷄粉)

중국요리에서 조리시간 절약과 식재료비 절감 등의 목적
으로 사용하는데 육수 대용으로 많이 사용되어지고 감칠맛이 특징이지만 일반 육
수와 같은 풍부한 맛은 부족하다.

제8장 중국요리의 조리법

중국요리는 그 종류가 헤아릴 수 없을 정도로 많다. 이렇게 많은 요리를 만들어낼 수 있었던 이유는 많은 요리법의 끊임없는 연구와 노력이라고 할 수 있다. 중국요리는 메뉴를 보면 조리법과 식재료 조리법이 포함되어 있는 것을 볼 수 있다. 물론 미화적인 이름이 있기는 하지만 보편적으로는 모두를 포함한다. 우리에게는 다소 생소한 조리법도 있으며 퓨전화된 조리법을 하나의 조리법으로 정의한 것을 보면 중국인들의 요리와 먹는 것에서는 많은 연구가 있었다고 할 수 있다.

중국요리는 한번에 익혀서 먹는 일은 많지 않다. 뜨거운 탕에 데치거나 미리 익히거나 기름에 데치는 등 먼저 조리를 한 다음 마무리 조리를 하는 것이 일반적이다. 조리법은 기름을 이용하는 방법이 전체의 80%를 차지한다. 더불어 중국요리는 쪄서 튀겨내고 다시 볶는 식의 복합적인 조리법이 다른 나라와는 달리 매우 발전하였음을 알 수 있다.

● 초(炒 : chao)

초는 "볶다"는 뜻으로 알맞은 크기와 모양으로 만든 재료를 기름을 조금 넣고 강한 불이나 중간불에서 짧은 시간에 뒤섞으며 볶아 익히는 조리법이다. 이 조리법은 중국요리에서 가장 많이 사용하는 요리법 가운데 하나이다.

● 폭(爆 : bao)

폭은 1.5cm 정육면체로 썰거나 칼집 낸 재료를 뜨거운 물이나 탕, 기름 등으로 먼저 열처리를 한 후에 강한 불에서 재빨리 볶아내는 조리법이다. 재료 자체의 맛이 그대로 살아있어 부드럽고 아삭한 질감을 살리는 데 적당하다.

● 류(溜, 熘 : liu)

류는 조미료에 재워놓은 재료를 녹말이나 밀가루 튀김옷을 입혀 기름에 튀기거나 삶거나 찐 뒤, 다시 여러 가지 조미료로 걸쭉한 소스를 만들어 재료 위에 끼얹거나 조리한 재료를 소스에 버무려 묻혀내는 조리법이다.

● 작(炸 : zha)

작은 넉넉한 기름에 정선한 식재료를 넣어 튀기는 조리법이다. 작만으로 조리할 수 있고, 류(熘), 소(燒), 증(蒸) 등의 조리법과 함께 사용할 수도 있다. 재료에 따라 온도가 다른 기름으로 재료를 빨리 가열하여 표면의 수분을 증발시킨다. 표면을 딱딱하게 하여 속재료 고유의 맛을 살릴 수 있다.

● 전(煎 : jian)

전은 뜨겁게 가열한 팬에 기름을 조금 두르고 정선한 재료를 펼쳐놓아 중간불이나 약한 불에서 한 면 또는 양면을 지져서 익히는 조리법을 말한다.

● 팽(烹 : peng)

원료를 익힌 후, 양념된 즙을 뿌리고, 고온에서 즙이 대부분 기화하여 원료에 투입되어 빠른 속도로 마르는 것을 이용하는 요리 방법이다.

● 소(燒 : shao)

한 번 완전하게 익지 않은 재료에 물 혹은 적당한 양의 탕을 넣고, 강한 불로 끓인 다음, 중간불이나 약한 불로 맛이 들게 하는 요리 방법이다.

● 배(扒 : pa)

배의 기본은 소와 같지만 약한 불로 오래 끓여 조리시간이 더 길다. 완성된 요리는 부드럽고 녹말을 풀어 넣어 맛이 매끄럽다. 요리의 모양새를 흐트러뜨리지 않는 것이 관건이며, 즙이 비교적 많이 남는 편이다.

● 민(燜 : men)

일단 기름에 튀기거나 볶은 것을 조미료나 향신료와 함께 식재료가 잠길 정도로 물을 붓고 장시간 약한 불로 국물이 졸아들 때까지 조리는 방법이다.

● 외(煨 : wei)

냄비에 식재료와 조미료를 넣은 다음 물을 넣지 않고 약한 불로 천천히 조린다. 다 익은 것은 매우 연하고 맛이 진하며 윤기가 있다. 샤오와 비슷한데, 차이점은 "외"는 물을 넣지 않고 조리하는 반면 "샤오"는 물을 넣고 조리하는 데 있다.

● 돈(炖 : dun)

원래는 냄비 속에 여러 가지 재료와 물을 넣고 약한 불로 오랜 시간 푹 무를 때까지 천천히 끓인 것이었는데, 그 뒤에 방법이 개선되어 항아리 같은 용기에 넣어 중탕함으로써 재료의 맛도 손상하지 않고, 맛도 농후하며, 국물도 흐리지 않게 그대로 완성하게 되었다.

● 자(煮 : zhu)

자는 삶는 것이다. 신선한 동물성 식재료를 잘라서 많은 양의 탕에 넣고 강한
불에서 끓이다가 약한 불로 바꾸어 익히는 조리법이다.

● 증(蒸 : zheng)

간단한 조리법으로 재료를 시루나 찜통에 찜을 하는 방법으로 뚜껑을 꼭 덮기
때문에 재료가 지닌 맛이 손상되지 않고, 향기와 맛도 그대로 보존되며 수프도
흐려지지 않는다. 재료는 생선, 닭, 육류, 만두, 딤섬 등으로 용도가 다양하다.

● 고(烤 : kao)

불에 직접 굽는 방법이다. 강한 불의 힘으로 양념한 재료를 S자로 된 쇠꼬치에
매달아 불로 구웠었는데, 최근에 오븐을 쓰게 되면서 불꽃보다는 그 불의 열기를
잘 이용하여 조리하는 방법이다.

● 훈(熏 : xun)

식재료를 밀봉된 용기 안에 넣고, 불완전 연소로 생기는 연기를 이용하여 음식
물을 익히는 훈제하는 요리 방법이다.

● 락(烙 : luo)

취사도구의 마른 열을 이용하여 음식물을 익히는 요리 방법이다.

● 홍(烘 : hong)

식재료를 불꽃이 없는 작은 불 위에 놓고 복사열을 이용하여 음식을 익히는 요
리 방법이다.

● 국(焗 : ju)

밀봉식 가열을 운용하여 원료 자신의 수분을 기화하여 익히는 요리 방법으로
일종의 찜 요리 방법이다.

● 오(熬 : ao)

소형의 원료에 탕이나 물을 첨가하거나, 혹은 조미품을 첨가하여 강한 불로 끓
인 후, 전환하여 중간불이나 약한 불로 장시간 煮하여 말랑말랑하게 익히는 요리
방법이다.

● 독(獨 : du)=도(渡)

작은 불로 자나 소하여 원료에 맛이 들게 하는 요리 방법이다.

● 회(燴 : hui)

몇 종의 식재료를 혼합하여 하나로 합치고, 탕이나 물을 넣고, 강한 불 혹은 중
간불로 소(燒)로 하여 익히는 요리 방법이다.

● 오(焐 : wu)

미세한 불 혹은 타고 남은 재의 열로 온도를 유지하고, 밀봉한 원료가 부드럽
고 말랑말랑하게 되는 요리 방법이다.

● 로(鹵 : lu)

원료를 간수에 넣고 중간불이나 약한 불로 외(煨), 자(煮)로 익혀 부드럽게 하
거나 맛이 들게 하는 요리 방법이다.

● 장(醬 : jiang)

먼저 조미즙과 배합한 원료를 중간불이나 약한 불로 원료를 소(燒), 자(煮)하여 말랑말랑하게 익히는 요리 방법이다.

● 찬(攛 : cuan)

작은 식재료를 끓는 탕 중에 빠른 속도로 익히는 요리 방법이다.

● 탕(燙 : tang)

끓는 물을 이용하여 음식물을 익히는 요리 방법이다.

● 작(灼 : zhou)

생원료를 90% 정도 익힌 후, 다시 빠른 속도로 구워 완성하는 요리 방법이다.

● 침(浸 : jin)

식재료를 액체에 넣어 완성하는 방법으로 담그는 요리 방법이다.

● 전(涮 : shuan)

먹는 사람이 좋아하는 식재료를 끓는 탕에 넣고 재료를 집어서 이리저리 흔들어 익혀 먹는 요리 방법이다(샤부샤부).

● 탄(余 : tun)

비교적 저온의 기름 온도(약 150도 전후, 200도를 넘기지 않는다)로 중간불이나 약한 불로 작(炸)하는 요리 방법이다.

● 첩(貼 : tie)

식재료를 조미품을 넣어 버무려 스미게 하고, 소량의 기름 중에 먼저 한 면을 전(煎)하여 갈색으로 되도록 하고, 다른 한 면은 전(煎)을 하지 않는 요리 방법이다.

● 탑(塌 : ta)

식재료를 먼저 전(煎)하고, 다시 탕즙에 넣어 부드럽게 하는 요리 방법으로 이것은 마른 식품을 탕(湯)과 물을 스미게 하여 수분을 흡수한 후, 부드럽게 변하게 하는 것이다.

● 림(淋 : lin)

식재료를 팬에 넣지 않고 뜨거운 기름을 원료에 직접 붓거나 뿌려서 만드는 방법으로 가금류나 부드러운 채소, 어류, 작은 식재료에 적합하다.

● 반(拌 : ban)

조미료를 직접 재료에 넣어 버무려 제작하는 요리 방법으로 각종 식재료에 적용이 가능하고, 동물성 식재료는 일반적으로 먼저 익힌 후 버무려 만드는 방법이다.

● 창(熗 : qiang)

식재료를 가늘게 혹은 막대기 모양이나 편으로 잘라서 물에 데치거나 기름에 튀겨 뜨거울 때 휘발성이 비교적 강한 식품(고춧가루, 고추기름, 후춧가루, 술, 겨자)을 넣어 자극이 스며들게 하는 요리 방법이다.

● 조(糟 : zao)

술 또는 초(醋)의 지게미를 주요 조미품으로 하여 재료를 절이거나, 적시거나, 침전시켜 만드는 요리 방법으로 이것은 동물성 재료를 많이 이용하고, 달걀, 두류 제품과 소수의 채소를 이용한다.

● 취(醉 : zui)

재료에 양념을 하여 술에 담그거나 적셔서 다시 양념하여 만드는 요리 방법이다. 이것은 신선한 닭, 오리, 오리 간, 새우, 게 혹은 채소, 조개류의 재료를 이용하고, 술은 과일주와 백주를 많이 이용한다.

● 엄(腌 : yan)

소금을 조미료의 위주로 하여 재료를 손으로 주무르거나 문질러 식재료를 절여서 맛이 들게 하는 요리 방법이다.

● 지(漬 : zi)

액체 상태의 조미료(간장, 식초, 꿀, 설탕물)를 짧은 시간 내에 재료에 넣어 만드는 요리 방법이다. 설탕으로 재료를 절일 때는 일반적으로 즙을 많이 사용한다. 채소, 과일은 모두 가능하고, 일반적으로 시간이 매우 짧은 것이 특징이다.

● 동(凍 : dong)

응고 원리를 이용하여 식품을 제작하는 일종의 특수한 요리 방법이다. 이것은 일반적으로 단 음식이나 간식에 이용하며 콜라겐 성분이 많은 동물성 식재료도 이용이 가능하다.

● 밀즙(蜜汁 : mi zhi)

설탕 혹은 얼음 설탕, 꿀 등을 물에 넣어 외(煨) 혹은 자(煮)로 하여 즙으로 요리를 완성하는 방법이다.

● 발사(撥絲 : ba si)

설탕을 끓여 시럽을 당겨 가는 실처럼 나오게 하는데 일반적으로 작(炸)을 한 식재료에 부어 완성하거나 버무려 접시에 담아내는 요리 방법이다.

● 괘상(掛霜 : gua shuang)

기름에 작(炸)한 작은 재료에 한 층의 설탕을 입혀 응결시켜 분상(粉霜)으로 완성하는 요리 방법이다.

제9장 중국 조리용어

- 가지 茄子(qie zi)
- 간장 酱油(jiang you)
- 겨자 芥末(jie mo)
- 달걀 鸡蛋(ji dan)
- 고구마 地瓜(di gua)
- 고추 辣椒(la jiao)
- 고추기름 辣油(la you)
- 누룽지 锅巴(guo ba)
- 닭 鸡(ji)
- 당근 红萝卜(hong luo bo)
- 돼지고기 猪肉(zhu rou)
- 두부 豆腐(dou fu)
- 땅콩 花生米(hua sheng mi)
- 레몬 獰檬(ning meng)
- 마늘 蒜(suan)
- 목이버섯 黑蘑耳(hei mo er)

- 무 萝卜(luo bo)
- 밀가루 面粉(mian fen)
- 바나나 香蕉(xiang jiao)
- 배추 白菜(bai cai)
- 부추 韭菜(jiu cai)
- 브로콜리 西蓝花(xi lan hua)
- 새우 虾(xia)
- 생강 姜(jiang)
- 설탕 糖(tang)
- 셀러리 西芹(xi jin)
- 소금 盐(yan)
- 소라 海螺(hai luo)
- 쇠고기 牛肉(yang rou)
- 술 酒(jiu)
- 시금치 菠菜(bo cai)
- 식용유 油(you)

- 식초 醋(cu)
- 아스파라거스 芦笋(lu sun)
- 양고기 羊肉(yang rou)
- 양송이 洋蘑菇(yang mo gu)
- 양파 洋葱(yang cong)
- 오리고기 鸭肉(ya rou)
- 오이 黄瓜(huang gua)
- 오징어 鱿鱼(you yu)
- 옥수수 玉米(yu mi)
- 완두콩 莞豆(wan dou)
- 전분 淀粉(dian fen)
- 조기 黄鱼(huang yu)

- 조미료 味精(wei jing)
- 죽순 竹笋(zhu sun)
- 참기름 香油(xiang you)
- 청경채 青根菜(qing gen cai)
- 케첩 番茄酱(fan qie jiang)
- 파 葱(cong)
- 표고 香菇(xiang gu)
- 피망 青椒(qing jiao)
- 해삼 海渗(hai shen)
- 해파리 海蜇(hai zhe)
- 호박 南瓜(nan gua)
- 후추 糊椒粉(hu jiao fen)

실
기
편

오징어 냉채

凉拌魷魚
liang ban you yu

시험시간 20분

요구사항

※ **주어진 재료를 사용하여 오징어 냉채를 만드시오.**

가. 오징어 몸살은 종횡으로 칼집을 내어 3~4㎝ 정도로 썰어 데쳐서 사용하시오.

나. 오이는 얇게 3㎝ 정도 편으로 썰어 사용하시오.

다. 겨자를 숙성시킨 후 소스를 만드시오.

- -

수험자 유의사항

1) 만드는 순서에 유의하며, 위생과 숙련된 기능평가를 위하여 조리작업 시 맛을 보지 않습니다.

2) 지정된 수험자지참준비물 이외의 조리기구나 재료를 시험장 내에 지참할 수 없습니다.

3) 지급재료는 시험 전 확인하여 이상이 있을 경우 시험위원으로부터 조치를 받고 시험 중에는 재료의 교환 및 추가지급은 하지 않습니다.

4) 요구사항의 규격은 "정도"의 의미를 포함하며, 지급된 재료의 크기에 따라 가감하여 채점합니다.

5) 위생상태 및 안전관리 사항을 준수합니다.

6) 다음 사항에 대해서는 채점대상에서 제외하니 특히 유의하시기 바랍니다.

가) 기권
- 수험자 본인이 시험 도중 시험에 대한 포기 의사를 표현하는 경우

나) 실격
- 가스레인지 화구 2개 이상(2개 포함) 사용한 경우
- 불을 사용하여 만든 조리작품이 작품특성에 벗어나는 정도로 타거나 익지 않은 경우
- 시험 중 시설·장비(칼, 가스레인지 등) 사용 시 감독위원 및 타 수험자의 시험 진행에 위협이 될 것으로 감독위원 전원이 합의하여 판단한 경우

다) 미완성
- 시험시간 내에 과제 두 가지를 제출하지 못한 경우
- 문제의 요구사항대로 과제의 수량이 만들어지지 않은 경우

라) 오작
- 오이를 찜으로 조리하는 등과 같이 조리방법을 다르게 한 경우
- 해당 과제의 지급재료 이외의 재료를 사용하거나 석쇠 등 요구사항의 조리도구를 사용하지 않은 경우

마) 요구사항에 표시된 실격, 미완성, 오작에 해당하는 경우

7) 항목별 배점은 위생상태 및 안전관리 5점, 조리기술 30점, 작품의 평가 15점입니다.

¹ 재료

갑오징어살(오징어 대체가능) 100g, 오이 1/3개(가늘고 곧은 것, 20cm), 식초 30ml, 흰설탕 15g, 소금(정제염) 2g, 참기름 5ml, 겨자 20g

만드는 방법

1. 냄비에 물을 올리고 겨잣가루에 뜨거운 물을 1 : 1로 넣고 걸쭉하게 개어 끓는 냄비 뚜껑 위에 엎어서 20분 정도 숙성시킨다.

2. 오이는 소금으로 문질러 씻어, 반을 갈라 길이 3cm, 두께 0.2cm로 어슷한 편으로 썬다.

3. 갑오징어는 껍질을 잘 벗겨내고 안쪽에 칼을 눕혀서 가로와 세로 각 0.3cm 간격으로 칼집을 넣으며 길이 3~4cm, 넓이 2cm로 자른다.

4. 끓는 물에 갑오징어는 데쳐 찬물에 식혀 물기를 제거한다.

5. 발효시킨 겨자에 설탕을 넣고 설탕이 녹도록 저은 후 식초, 소금, 참기름을 섞어 덩어리지지 않게 겨자소스를 만든다.

6. 데친 갑오징어를 식혀서 오이와 골고루 보기 좋게 담아 겨자소스를 고루 버무려 낸다.

● 겨자소스 : 물 1Ts(육수), 발효된 겨자 1Ts, 설탕 1Ts, 소금 1/3Ts, 식초 1Ts, 참기름 1ts

TIP

• 먼저 겨자를 발효시킨 다음 나머지 작업을 하는 것이 좋다.

• 갑오징어는 안쪽에 칼집을 넣어야 하며 너무 오래 삶아 오그라들지 않도록 한다.

• 겨자는 물에 개어서 발효를 시킨다.

• 오징어는 반드시 식혀서 오이와 섞어놓는다.

음식
평가

새우케찹볶음

番茄醬蝦仁

fan qie jiang xia ren

시험시간 25분

요구사항

※ 주어진 재료를 사용하여 다음과 같이 새우케찹볶음을 만드시오.

가. 새우 내장을 제거하시오.

나. 당근과 양파는 1cm 정도 크기의 사각으로 써시오.

수험자 유의사항

1) 만드는 순서에 유의하며, 위생과 숙련된 기능평가를 위하여 조리작업 시 맛을 보지 않습니다.

2) 지정된 수험자지참준비물 이외의 조리기구나 재료를 시험장 내에 지참할 수 없습니다.

3) 지급재료는 시험 전 확인하여 이상이 있을 경우 시험위원으로부터 조치를 받고 시험 중에는 재료의 교환 및 추가지급은 하지 않습니다.

4) 요구사항의 규격은 "정도"의 의미를 포함하며, 지급된 재료의 크기에 따라 가감하여 채점합니다.

5) 위생상태 및 안전관리 사항을 준수합니다.

6) 다음 사항에 대해서는 채점대상에서 제외하니 특히 유의하시기 바랍니다.

    가) 기권

- 수험자 본인이 시험 도중 시험에 대한 포기 의사를 표현하는 경우

나) 실격

- 가스레인지 화구 2개 이상(2개 포함) 사용한 경우
- 불을 사용하여 만든 조리작품이 작품특성에 벗어나는 정도로 타거나 익지 않은 경우
- 시험 중 시설 · 장비(칼, 가스레인지 등) 사용 시 감독위원 및 타 수험자의 시험 진행에 위협이 될 것으로 감독위원 전원이 합의하여 판단한 경우

다) 미완성

- 시험시간 내에 과제 두 가지를 제출하지 못한 경우
- 문제의 요구사항대로 과제의 수량이 만들어지지 않은 경우

라) 오작

- 구이를 찜으로 조리하는 등과 같이 조리방법을 다르게 한 경우
- 해당 과제의 지급재료 이외의 재료를 사용하거나 석쇠 등 요구사항의 조리도구를 사용하지 않은 경우

마) 요구사항에 표시된 실격, 미완성, 오작에 해당하는 경우

7) 항목별 배점은 위생상태 및 안전관리 5점, 조리기술 30점, 작품의 평가 15점입니다.

¹ 재료

새우살(내장이 있는 것) 200g, 진간장 15ml, 달걀 1개, 녹말가루(감자전분) 100g, 토마토 케첩 50g, 청주 30ml, 당근 30g(길이로 썰어서), 양파 1/6개(중, 150g), 소금(정제염) 2g, 흰 설탕 10g, 식용유 800ml, 생강 5g, 대파 1토막(흰부분, 6cm), 이쑤시개 1개, 완두콩 10g

만드는 방법

1. 새우는 이쑤시개로 등 쪽의 내장을 제거한 후 껍질을 벗겨내고 물에 씻어 물기를 제거 하여 소금 청주로 밑간을 한다.

2. 당근, 양파는 가로·세로 2cm로 썰고, 생강은 편으로 썰어주고 대파는 1cm 크기로 썬다.

3. 완두콩은 끓는 물에 소금을 넣고 데쳐서 찬물에 헹구어 물기를 제거한다.

4. 새우살에 달걀흰자와 전분을 혼합하여 흐르지 않을 정도의 튀김옷을 입혀 170도의 기 름에 바싹하게 튀겨낸다.

5. 팬에 기름을 두르고 생강과 대파를 볶아 향이 나면, 당근, 양파를 넣고 볶다가 토마토 케첩 소스를 넣는다.

6. 소스가 끓으면 물전분을 조금씩 풀어 넣어 농도가 걸쭉해지면 완두콩과 새우 튀긴 것 을 넣어 버무려서 접시에 담아낸다.

● 토마토 케첩 소스 : 물 1/2컵, 케첩 3Ts, 설탕 1Ts, 청주 약간, 소금 약간

TIP 🍋🍊🍋

- 튀김 온도를 잘 확인한다.
- 물전분의 농도가 너무 되직하게 않도록 한다.
- 새우 튀김옷이 너무 두껍지 않도록 주의한다.
- 새우는 바싹하게 한 번만 튀겨낸다.

음식
평가

탕수육

糖醋肉

tang cu rou

시험시간 30분

요구사항

※ **주어진 재료를 사용하여 탕수육을 만드시오.**

가. 돼지고기는 길이를 4cm 정도로 하고 두께는 1cm 정도의 긴 사각형 크기로 써시오.

나. 채소는 편으로 써시오.

다. 앙금녹말을 만들어 사용하시오.

라. 소스는 달콤하고 새콤한 맛이 나도록 만드시오.

수험자 유의사항

1) 만드는 순서에 유의하며, 위생과 숙련된 기능평가를 위하여 조리작업 시 맛을 보지 않습니다.

2) 지정된 수험자지참준비물 이외의 조리기구나 재료를 시험장 내에 지참할 수 없습니다.

3) 지급재료는 시험 전 확인하여 이상이 있을 경우 시험위원으로부터 조치를 받고 시험 중에는 재료의 교환 및 추가지급은 하지 않습니다.

4) 요구사항의 규격은 "정도"의 의미를 포함하며, 지급된 재료의 크기에 따라 가감하여 채점합니다.

5) 위생상태 및 안전관리 사항을 준수합니다.

6) 다음 사항에 대해서는 채점대상에서 제외하니 특히 유의하시기 바랍니다.

가) 기권
  • 수험자 본인이 시험 도중 시험에 대한 포기 의사를 표현하는 경우

나) 실격
  • 가스레인지 화구 2개 이상(2개 포함) 사용한 경우
  • 불을 사용하여 만든 조리작품이 작품특성에 벗어나는 정도로 타거나 익지 않은 경우
  • 시험 중 시설 · 장비(칼, 가스레인지 등) 사용 시 감독위원 및 타 수험자의 시험 진행에 위협이 될 것으로 감독위원 전원이 합의하여 판단한 경우

다) 미완성
  • 시험시간 내에 과제 두 가지를 제출하지 못한 경우
  • 문제의 요구사항대로 과제의 수량이 만들어지지 않은 경우

라) 오작
  • 구이를 찜으로 조리하는 등과 같이 조리방법을 다르게 한 경우
  • 해당 과제의 지급재료 이외의 재료를 사용하거나 석쇠 등 요구사항의 조리도구를 사용하지 않은 경우

마) 요구사항에 표시된 실격, 미완성, 오작에 해당하는 경우

7) 항목별 배점은 위생상태 및 안전관리 5점, 조리기술 30점, 작품의 평가 15점입니다.

¹ 재료

돼지등심(살코기) 200g, 진간장 15ml, 달걀 1개, 녹말가루(감자전분) 100g, 식용유 800ml, 식초 50ml, 흰설탕 30g, 대파 1토막(흰부분, 6cm), 당근 30g(길이로 썰어서), 완두(통조림) 15g, 오이 1/4개(원형으로 지급, 가늘고 곧은 것, 20cm), 건목이버섯 1개, 양파 1/4개(중, 150g), 청주 15ml

만드는 방법

1. 돼지고기는 길이 4cm, 두께 1cm 크기로 썰어 간장, 청주를 넣어 밑간을 한다.

2. 당근과 오이는 모양내어 4cm 크기의 편으로 썰고, 양파도 속껍질만 편으로 썰고 대파는 반을 갈라 심을 제거한 후 4cm 크기로 편 썬다.

3. 목이버섯은 미지근한 물에 불렸다가 씻어 손으로 찢어 둔다.

4. 완두콩은 끓는 물에 데쳐 내어 찬물에 헹궈 물기를 제거한다.

5. 튀기기 전에 달걀에 전분을 넣고 약간 되직하게 반죽해서 준비한다.

6. 170도 온도가 오르면 고기를 넣고 2번 정도 튀겨 바삭하게 한다.

7. 팬에 기름을 두르고 대파를 볶은 후 당근, 목이버섯, 양파 순으로 볶다가 만들어 놓은 탕수 소스를 넣어 끓으면 물전분을 넣어 탕수 소스를 만든다.

8. 소스가 걸쭉해지면 오이, 완두콩, 튀긴 고기를 넣어 버무린 후 완성하여 접시에 담아낸다.

● 탕수 소스 : 물 1컵, 설탕 3Ts, 식초 2Ts, 간장 1Ts

TIP

- 고기는 완전히 익도록 두 번 정도 튀겨낸다.
- 배추 이외에 다른 야채가 지급될 수도 있으니 같은 크기로 정선한다.
- 튀김옷을 너무 두껍게 하지 않는다.
- 기름의 온도에 주의하여야 하며, 고기가 타면 안 된다.
- 물전분의 농도가 너무 되직하지 않도록 처음부터 물전분을 많이 넣지 않도록 한다.

음식
평가

난자완스

南煎丸子

nan jian wan zi

시험시간 25분

요구사항

※ **주어진 재료를 사용하여 다음과 같이 난자완스를 만드시오.**

가. 완자는 직경 4㎝ 정도로 둥글고 납작하게 만드시오.
나. 완자는 손이나 수저로 하나씩 떼어 팬에서 모양을 만드시오.
다. 채소크기는 4㎝ 정도 크기의 편으로 써시오. (단, 대파는 3㎝ 정도)
라. 완자는 갈색이 나도록 하시오.

수험자 유의사항

1) 만드는 순서에 유의하며, 위생과 숙련된 기능평가를 위하여 조리작업 시 맛을 보지 않습니다.
2) 지정된 수험자지참준비물 이외의 조리기구나 재료를 시험장 내에 지참할 수 없습니다.
3) 지급재료는 시험 전 확인하여 이상이 있을 경우 시험위원으로부터 조치를 받고 시험 중에는 재료의 교환 및 추가지급은 하지 않습니다.
4) 요구사항의 규격은 "정도"의 의미를 포함하며, 지급된 재료의 크기에 따라 가감하여 채점합니다.
5) 위생상태 및 안전관리 사항을 준수합니다.
6) 다음 사항에 대해서는 채점대상에서 제외하니 특히 유의하시기 바랍니다.

가) 기권
 • 수험자 본인이 시험 도중 시험에 대한 포기 의사를 표현하는 경우
나) 실격
 • 가스레인지 화구 2개 이상(2개 포함) 사용한 경우
 • 불을 사용하여 만든 조리작품이 작품특성에 벗어나는 정도로 타거나 익지 않은 경우
 • 시험 중 시설·장비(칼, 가스레인지 등) 사용 시 감독위원 및 타 수험자의 시험 진행에 위협이 될 것으로 감독위원 전원이 합의하여 판단한 경우
다) 미완성
 • 시험시간 내에 과제 두 가지를 제출하지 못한 경우
 • 문제의 요구사항대로 과제의 수량이 만들어지지 않은 경우
라) 오작
 • 구이를 찜으로 조리하는 등과 같이 조리방법을 다르게 한 경우
 • 해당 과제의 지급재료 이외의 재료를 사용하거나 석쇠 등 요구사항의 조리도구를 사용하지 않은 경우
마) 요구사항에 표시된 실격, 미완성, 오작에 해당하는 경우

7) 항목별 배점은 위생상태 및 안전관리 5점, 조리기술 30점, 작품의 평가 15점입니다.

¹ 재료

돼지등심(다진 살코기) 200g, 마늘 2쪽(중, 깐 것), 대파 1토막(흰부분, 6cm), 소금(정제염) 3g, 달걀 1개, 녹말가루(감자전분) 50g, 죽순(통조림(whole), 고형분) 50g, 건표고버섯(지름 5cm, 물에 불린 것) 2개, 생강 5g, 검은후춧가루 1g, 청경채 1포기, 진간장 15ml, 청주 20ml, 참기름 5ml, 식용유 800ml

만드는 방법

1. 냄비에 물을 넣고 목이버섯과 표고버섯은 따뜻한 물에 불리고 죽순은 한 번 데쳐 준비한다.

2. 대파, 마늘, 생강의 1/2는 다지고, 나머지 1/2는 편으로 썬다.(대파는 3cm 길이로 폭 1cm로 썬다.)

3. 다진 고기에 다진 대파, 마늘, 생강즙, 청주, 소금, 후춧가루, 전분, 달걀을 넣어 양념을 하여 지름 4cm, 두께 0.4cm 크기로 둥글고 납작하게 빚어 기름 바른 접시 위에 놓는다.

4. 죽순은 석회질을 제거하고 빗살무늬를 살려서 길이 4cm, 폭 2cm로 얇게 편 썰고, 표고버섯은 기둥을 떼내고 같은 크기로 편으로 썰며, 청경채도 죽순과 같은 크기로 썰어 살짝 데쳐 찬물에 헹군다.

5. 팬에 기름을 충분히 넣어 앞·뒷면을 익도록 지져낸다.

6. 팬에 기름을 두르고 편 썬 마늘, 생강, 대파를 볶다가 표고버섯, 죽순, 청경채를 넣어 재빨리 볶고 간장으로 밑간 양념하고 육수를 넣어 끓으면 나머지 양념을 하고 물전분을 조금씩 넣어 걸쭉해지면, 튀긴 완자를 넣고 골고루 섞은 다음 참기름을 두르고 접시에 담아낸다.

TIP

- 원래는 완자를 빚어 팬에 넣고 납작하게 눌러 모양을 만들어 익히지만 시험장에서는 모양이 중요하기 때문에 먼저 납작하고 둥글게 빚는 것이 좋다.
- 고기 반죽은 충분하게 치대어서 갈라지지 않도록 한다.
- 고기반죽에 전분을 너무 많이 넣으면 고기의 식감을 떨어뜨릴 수 있으니 주의한다.
- 완자의 크기가 일정하게 유지한다.

음식
평가

깐풍기

乾烹鷄
gan feng ji

시험시간 30분

요구사항

※ **주어진 재료를 사용하여 깐풍기를 만드시오.**

가. 닭은 뼈를 발라낸 후 사방 3cm 정도 사각형으로 써시오.

나. 닭을 튀기기 전에 튀김옷을 입히시오.

다. 채소는 0.5 x 0.5cm로 써시오

수험자 유의사항

1) 만드는 순서에 유의하며, 위생과 숙련된 기능평가를 위하여 조리작업 시 맛을 보지 않습니다.
2) 지정된 수험자지참준비물 이외의 조리기구나 재료를 시험장 내에 지참할 수 없습니다.
3) 지급재료는 시험 전 확인하여 이상이 있을 경우 시험위원으로부터 조치를 받고 시험 중에는 재료의 교환 및 추가지급은 하지 않습니다.
4) 요구사항의 규격은 "정도"의 의미를 포함하며, 지급된 재료의 크기에 따라 가감하여 채점합니다.
5) 위생상태 및 안전관리 사항을 준수합니다.
6) 다음 사항에 대해서는 채점대상에서 제외하니 특히 유의하시기 바랍니다.
　가) 기권

- 수험자 본인이 시험 도중 시험에 대한 포기 의사를 표현하는 경우

나) 실격

- 가스레인지 화구 2개 이상(2개 포함) 사용한 경우
- 불을 사용하여 만든 조리작품이 작품특성에 벗어나는 정도로 타거나 익지 않은 경우
- 시험 중 시설·장비(칼, 가스레인지 등) 사용 시 감독위원 및 타 수험자의 시험 진행에 위험이 될 것으로 감독위원 전원이 합의하여 판단한 경우

다) 미완성

- 시험시간 내에 과제 두 가지를 제출하지 못한 경우
- 문제의 요구사항대로 과제의 수량이 만들어지지 않은 경우

라) 오작

- 구이를 찜으로 조리하는 등과 같이 조리방법을 다르게 한 경우
- 해당 과제의 지급재료 이외의 재료를 사용하거나 석쇠 등 요구사항의 조리도구를 사용하지 않은 경우

마) 요구사항에 표시된 실격, 미완성, 오작에 해당하는 경우

7) 항목별 배점은 위생상태 및 안전관리 5점, 조리기술 30점, 작품의 평가 15점입니다.

재료

닭다리(중닭 1200g, 허벅지살 포함) 1개, 진간장 15ml, 검은후춧가루 1g, 청주 15ml, 달걀 1개, 흰설탕 15g, 녹말가루(감자전분) 100g, 식초 15ml, 마늘(중, 깐 것) 3쪽, 대파(흰부분, 6cm) 2토막, 청피망 1/4개(중, 75g), 홍고추(생) 1/2개, 생강 5g, 참기름 5ml, 식용유 800ml, 소금(정제염) 10g

만드는 방법

1. 닭은 깨끗이 손질하여 물기를 닦고, 뼈를 발라낸 다음 닭고기는 4cm 크기로 네모지게 잘라 간장, 소금, 청주, 후춧가루로 밑간을 한다.

2. 마늘, 생강은 0.5cm로 썰고 대파는 반을 갈라서 0.5cm 크기로 자른다.

3. 청피망과 홍고추, 건고추는 꼭지와 씨를 제거하고 사방 0.5cm 크기로 자른다.

4. 깐풍기 소스를 만든다.

5. 닭고기에 달걀과 전분을 넣고 버무려 170도의 기름에 한 번 튀기고 두 번 튀길 때는 처음보다 높은 온도 180~190도 정도에서 바싹하게 한 번 더 튀겨낸다.

6. 팬에 기름을 두르고 열이 오르면 건고추, 홍고추를 넣어 볶다가 마늘, 생강, 대파, 청피망을 넣고 재빨리 볶아 향을 낸 다음 깐풍기 소스를 부어 끓인다.

7. 소스가 끓으면 튀긴 닭을 넣어 강한 불에서 국물 없이 조려 참기름을 넣어 접시에 담아낸다.
   - 깐풍 소스 : 육수(물) 2큰술, 간장 1큰술, 설탕 1큰술, 식초 1큰술, 조미료 약간, 청주 1Ts, 참기름 약간

TIP

- 건고추는 어슷썰기나 둥글게 가늘게 썰기도 한다.
- 깐풍기는 국물이 있으면 안 된다.
- 청고추 · 홍고추는 너무 오래 끓여 색깔이 변하지 않도록 한다.
- 팬에 볶을 때 타지 않도록 불조절에 주의한다.

음식
평가

양장피잡채

炒肉兩張皮

chao rou liang zhang pi

시험시간 35분

요구사항

※ 주어진 재료를 사용하여 양장피 잡채를 만드시오.

가. 양장피는 4㎝ 정도로 하시오.
나. 고기와 채소는 5㎝ 정도 길이의 채를 써시오.
다. 겨자는 숙성시켜 사용하시오.
라. 볶은 재료와 볶지 않는 재료의 분별에 유의하여 담아내시오.

수험자 유의사항

1) 만드는 순서에 유의하며, 위생과 숙련된 기능평가를 위하여 조리작업 시 맛을 보지 않습니다.
2) 지정된 수험자지참준비물 이외의 조리기구나 재료를 시험장 내에 지참할 수 없습니다.
3) 지급재료는 시험 전 확인하여 이상이 있을 경우 시험위원으로부터 조치를 받고 시험 중에는 재료의 교환 및 추가지급은 하지 않습니다.
4) 요구사항의 규격은 "정도"의 의미를 포함하며, 지급된 재료의 크기에 따라 가감하여 채점합니다.
5) 위생상태 및 안전관리 사항을 준수합니다.
6) 다음 사항에 대해서는 채점대상에서 제외하니 특히 유의하시기 바랍니다.

가) 기권
  • 수험자 본인이 시험 도중 시험에 대한 포기 의사를 표현하는 경우
나) 실격
  • 가스레인지 화구 2개 이상(2개 포함) 사용한 경우
  • 불을 사용하여 만든 조리작품이 작품특성에 벗어나는 정도로 타거나 익지 않은 경우
  • 시험 중 시설·장비(칼, 가스레인지 등) 사용 시 감독위원 및 타 수험자의 시험 진행에 위협이 될 것으로 감독위원 전원이 합의하여 판단한 경우
다) 미완성
  • 시험시간 내에 과제 두 가지를 제출하지 못한 경우
  • 문제의 요구사항대로 과제의 수량이 만들어지지 않은 경우
라) 오작
  • 구이를 찜으로 조리하는 등과 같이 조리방법을 다르게 한 경우
  • 해당 과제의 지급재료 이외의 재료를 사용하거나 석쇠 등 요구사항의 조리도구를 사용하지 않은 경우
마) 요구사항에 표시된 실격, 미완성, 오작에 해당하는 경우

7) 항목별 배점은 위생상태 및 안전관리 5점, 조리기술 30점, 작품의 평가 15점입니다.

¹ 재료

양장피 1/2장, 돼지등심(살코기) 50g, 양파 1/2개(중, 150g), 조선부추 30g, 건목이버섯 1개, 당근 50g(길이로 썰어서), 오이 1/3개(가늘고 곧은 것, 20cm), 달걀 1개, 진간장 5ml, 참기름 5ml, 겨자 10g, 식초 50ml, 흰설탕 30g, 식용유 20ml, 새우살(소) 50g, 갑오징어살(오징어 대체가능) 50g, 건해삼(불린 것) 60g, 소금(정제염) 3g

만드는 방법

1. 겨자는 그릇에 담아 따뜻한 물에 개어서 물이 끓는 냄비의 뚜껑 위에 얹어 10분 정도 숙성시킨다.
2. 목이버섯은 미지근한 물에 불린다.
3. 양장피는 따뜻한 물에 불려 부드러워지면 찬물에 헹군다.
4. 물기를 제거한 양장피는 4cm 크기로 잘라 간장과 참기름으로 버무려서 밑간을 한다.

5. 오이는 소금으로 문질러 씻어 돌려깎기하여 길이 5cm 두께 0.3cm로 썰고 부추는 줄기와 잎부분을 나누어 가지런히 자르고 당근, 양파, 목이버섯도 손질하여 채 썰고 생강은 다져 준비한다.
6. 갑오징어는 껍질을 벗겨 내장 쪽에 세로 0.3cm 간격으로 칼집을 넣고 5cm 길이로 잘라 가로 방향으로 칼집을 넣어주고 두 번째에 잘라 끓는 물에 데쳐 넣어 식힌다.
7. 새우살은 내장을 빼서 끓는 물에 데쳐 식히고, 해삼도 끓는 물에 데쳐 찬물에 담가 식혀 길이 5cm, 두께 0.3cm 크기로 채 썬다.
8. 발효된 겨자를 가지고 겨자소스를 만들어 준비한다.

9. 돼지고기는 5cm 길이로 채 썰어 간장, (생강) 다진 것을 넣고 달걀 흰자 약간과 전분을 넣고 밑간한다.
10. 팬에 식용유를 두르고 황백지단을 부쳐 길이 5cm, 폭과 두께 0.3cm 크기로 채 썬다.
11. 팬을 달군 후 식용유를 두르고 (생강, 대파) 돼지고기채, 양파채, 목이버섯채, 부추줄기, 부추잎을 넣어 볶다가 소금간을 하고 참기름을 넣어 준비한다.
12. 완성된 그릇에 오이, 당근, 황백지단, 새우살, 갑오징어, 해삼을 색깔별로 돌려 담고, 가운데 양장피를 깔고 볶아 놓은 재료를 올린 후 겨자 소스를 뿌려낸다.(곁들이기도 한다.)

● 겨자 소스 : 겨자 1/2Ts, 식초 1Ts, 물(육수) 1Ts, 설탕 1Ts, 소금 약간, 참기름 약간

TIP

- 양장피는 물에 넣고 부드러워지면 바로 건져 찬물에 식혀 준비한다.
- 양장피잡채는 시간이 많이 소요되기 때문에 시간 안배를 잘한다.
- 모든 재료는 모양을 일정하게 배열한다.
- 새우의 지급이 부족할 경우 반으로 잘라 사용한다.
- 겨자는 40도 이상의 따뜻한 물에 개어야 매운맛과 톡 쏘는 맛을 증가시킬 수 있다.

음식
평가

고추잡채

青椒炒肉絲

qing jiao chao rou si

시험시간 **25분**

요구사항

※ **주어진 재료를 사용하여 고추잡채를 만드시오.**

가. 주재료 피망과 고기는 5cm 정도의 채로 써시오.

나. 고기는 간을 하여 초벌하시오.

수험자 유의사항

1) 만드는 순서에 유의하며, 위생과 숙련된 기능평가를 위하여 조리작업 시 맛을 보지 않습니다.
2) 지정된 수험자지참준비물 이외의 조리기구나 재료를 시험장 내에 지참할 수 없습니다.
3) 지급재료는 시험 전 확인하여 이상이 있을 경우 시험위원으로부터 조치를 받고 시험 중에는 재료의 교환 및 추가지급은 하지 않습니다.
4) 요구사항의 규격은 "정도"의 의미를 포함하며, 지급된 재료의 크기에 따라 가감하여 채점합니다.
5) 위생상태 및 안전관리 사항을 준수합니다.
6) 다음 사항에 대해서는 채점대상에서 제외하니 특히 유의하시기 바랍니다.
    가) 기권
        • 수험자 본인이 시험 도중 시험에 대한 포기 의사를 표현하는 경우

나) 실격
    • 가스레인지 화구 2개 이상(2개 포함) 사용한 경우
    • 불을 사용하여 만든 조리작품이 작품특성에 벗어나는 정도로 타거나 익지 않은 경우
    • 시험 중 시설·장비(칼, 가스레인지 등) 사용 시 감독위원 및 타 수험자의 시험 진행에 위협이 될 것으로 감독위원 전원이 합의하여 판단한 경우
다) 미완성
    • 시험시간 내에 과제 두 가지를 제출하지 못한 경우
    • 문제의 요구사항대로 과제의 수량이 만들어지지 않은 경우
라) 오작
    • 구이를 찜으로 조리하는 등과 같이 조리방법을 다르게 한 경우
    • 해당 과제의 지급재료 이외의 재료를 사용하거나 석쇠 등 요구사항의 조리도구를 사용하지 않은 경우
마) 요구사항에 표시된 실격, 미완성, 오작에 해당하는 경우
7) 항목별 배점은 위생상태 및 안전관리 5점, 조리기술 30점, 작품의 평가 15점입니다.

재료

돼지등심(살코기) 100g, 청주 5ml, 녹말가루(감자전분) 15g, 청피망 1개(중, 75g), 달걀 1개, 죽순(통조림(whole), 고형분) 30g, 건표고버섯(물에 불린 것, 지름 5cm) 2개, 양파(중, 150g) 1/2개, 참기름 5ml, 식용유 150ml, 소금(정제염) 5g, 진간장 15ml

만드는 방법

1. 물을 끓여서 표고버섯에 부어놓고, 죽순은 데쳐서 빗살무늬 속의 석회질을 제거하고 길이 5cm, 폭 0.3cm 크기로 채 썬다.

2. 청피망은 꼭지를 제거하고 반을 갈라 씨를 제거하고 길이 5cm, 폭 0.3cm 크기로 채 썬다.

3. 대파와 생강은 채 썰어 준비한다.

4. 양파는 껍질을 벗겨내고 길이 5cm, 폭 0.3cm 크기로 채 썬다.

5. 표고버섯은 기둥을 떼어내고 폭이 0.3cm 되도록 채 썬다.

6. 돼지고기는 길이 5cm, 두께 0.3cm로 채 썰어 소금, 청주로 밑간을 하여 달걀흰자와 전분을 넣고 버무린다.

7. 팬을 달군 후 기름을 두르고 돼지고기는 젓가락으로 풀어주면서 볶는다.

8. 팬을 달군 후 기름을 두르고 생강과 대파를 넣고 청주를 넣어 향을 내고 죽순, 표고, 양파 순으로 볶으면서 피망을 넣고 청주를 넣어 향을 내고 간장으로 양념을 맞추고 돼지고기를 넣고 한 번 더 볶아주고 후추와 참기름을 넣어 그릇에 담아낸다.

TIP

• 돼지고기는 절대로 썰어서 부서지지 않도록 한다.

• 고기를 익힐 때 달라붙지 않도록 주의한다.

• 피망의 색이 변하지 않도록 주의한다.

• 고추기름이 지급될 경우도 있으니 처음에 팬에 기름을 넣을 때 같이 넣어 색과 향이 스며들 도록 한다.

• 볶아서 완성 접시에 담았을 때 물이 생기지 않도록 주의한다.

음식
평가

채소볶음

什錦炒蔬菜

shi jin chao shu cai

시험시간 **25분**

요구사항

※ **주어진 재료를 사용하여 채소볶음을 만드시오.**

가. 모든 채소는 길이 4cm 정도의 편으로 써시오.
나. 대파, 마늘, 생강을 제외한 모든 채소는 끓는 물에 살짝 데쳐서 사용하시오.

수험자 유의사항

1) 만드는 순서에 유의하며, 위생과 숙련된 기능평가를 위하여 조리작업 시 맛을 보지 않습니다.
2) 지정된 수험자지참준비물 이외의 조리기구나 재료를 시험장 내에 지참할 수 없습니다.
3) 지급재료는 시험 전 확인하여 이상이 있을 경우 시험위원으로부터 조치를 받고 시험 중에는 재료의 교환 및 추가지급은 하지 않습니다.
4) 요구사항의 규격은 "정도"의 의미를 포함하며, 지급된 재료의 크기에 따라 가감하여 채점합니다.
5) 위생상태 및 안전관리 사항을 준수합니다.
6) 다음 사항에 대해서는 채점대상에서 제외하니 특히 유의하시기 바랍니다.
　가) 기권

　　• 수험자 본인이 시험 도중 시험에 대한 포기 의사를 표현하는 경우
　나) 실격
　　• 가스레인지 화구 2개 이상(2개 포함) 사용한 경우
　　• 불을 사용하여 만든 조리작품이 작품특성에 벗어나는 정도로 타거나 익지 않은 경우
　　• 시험 중 시설 · 장비(칼, 가스레인지 등) 사용 시 감독위원 및 타 수험자의 시험 진행에 위협이 될 것으로 감독위원 전원이 합의하여 판단한 경우
　다) 미완성
　　• 시험시간 내에 과제 두 가지를 제출하지 못한 경우
　　• 문제의 요구사항대로 과제의 수량이 만들어지지 않은 경우
　라) 오작
　　• 구이를 찜으로 조리하는 등과 같이 조리방법을 다르게 한 경우
　　• 해당 과제의 지급재료 이외의 재료를 사용하거나 석쇠 등 요구사항의 조리도구를 사용하지 않은 경우
　마) 요구사항에 표시된 실격, 미완성, 오작에 해당하는 경우
7) 항목별 배점은 위생상태 및 안전관리 5점, 조리기술 30점, 작품의 평가 15점입니다.

¹ 재료

청경채 1개, 대파 1토막(흰부분, 6cm), 당근 50g(길이로 썰어서), 죽순(통조림(whole), 고형분) 30g, 청피망 1/3개(중, 75g), 건표고버섯(물에 불린 것, 지름 5cm) 2개, 식용유 45ml, 소금(정제염) 5g, 진간장 5ml, 청주 5ml, 참기름 5ml, 마늘 1쪽(중, 깐 것), 흰후춧가루 2g, 생강 5g, 셀러리 30g, 양송이(통조림(whole), 양송이 큰 것) 2개, 녹말가루(감자전분) 20g

만드는 방법

1. 물을 넣고 끓여서 죽순은 데치고, 그릇에 표고버섯을 담아 불린다.

2. 대파는 4cm 길이로 반을 갈라 심을 제거하고 1cm 크기로 썰고 마늘과 생강은 0.2cm 편으로 자른다.

3. 아스파라거스는 4cm 길이로 자르고, 셀러리는 섬유질을 제거하고 청경채, 청피망과 같이 길이 4cm, 폭 1cm 크기로 자른다.

4. 표고버섯은 기둥 떼고 당근, 죽순은 석회 제거하여 각각 길이 4cm, 폭 1cm 크기로 썰고, 양송이는 밑부분을 제거하고 잘라 준비한다.

5. 끓는 물에 소금을 넣고 죽순, 표고버섯, 양송이, 당근, 셀러리, 청피망, 청경채, 아스파라거스를 데쳐내어 찬물로 헹구어 물기를 제거한다.

6. 팬에 기름을 두르고 생강, 대파, 마늘을 볶고 당근, 죽순, 표고버섯, 양송이 순으로 넣어 볶다가 셀러리, 아스파라거스, 청피망, 청경채를 넣고 볶으면서 물(50cc)을 넣는다.

7. 물이 끓으면 간장, 청주, 소금, 후추로 간을 하고 물전분을 넣어 농도를 맞추고 참기름을 넣어서 접시에 담아낸다.
● 야채볶음 소스 : 물 3Ts, 소금 1/3ts, 청주 약간, 참기름, 설탕, 물전분 약간

TIP

• 채소볶음은 빨리 볶아 채소의 색이 살아있어야 한다.

• 모든 채소는 크기가 일정해야 한다.

• 소스 농도는 흘러내리지 않을 정도여야 한다.

음식
평가

달걀탕

鷄蛋湯

시험시간 20분

ji dan tang

요구사항

※ **주어진 재료를 사용하여 달걀탕을 만드시오.**

가. 대파와 표고버섯, 죽순은 4cm 정도의 채로 써시오.

나. 해삼, 돼지고기, 채소는 데쳐서 사용하시오.

나. 탕의 색이 혼탁하지 않게 하시오.

수험자 유의사항

1) 만드는 순서에 유의하며, 위생과 숙련된 기능평가를 위하여 조리작업 시 맛을 보지 않습니다.

2) 지정된 수험자지참준비물 이외의 조리기구나 재료를 시험장 내에 지참할 수 없습니다.

3) 지급재료는 시험 전 확인하여 이상이 있을 경우 시험위원으로부터 조치를 받고 시험 중에는 재료의 교환 및 추가지급은 하지 않습니다.

4) 요구사항의 규격은 "정도"의 의미를 포함하며, 지급된 재료의 크기에 따라 가감하여 채점합니다.

5) 위생상태 및 안전관리 사항을 준수합니다.

6) 다음 사항에 대해서는 채점대상에서 제외하니 특히 유의하시기 바랍니다.

　　가) 기권

　　　• 수험자 본인이 시험 도중 시험에 대한 포기 의사를 표현하는 경우

　나) 실격

　　　• 가스레인지 화구 2개 이상(2개 포함) 사용한 경우

　　　• 불을 사용하여 만든 조리작품이 작품특성에 벗어나는 정도로 타거나 익지 않은 경우

　　　• 시험 중 시설·장비(칼, 가스레인지 등) 사용 시 감독위원 및 타 수험자의 시험 진행에 위협이 될 것으로 감독위원 전원이 합의하여 판단한 경우

　다) 미완성

　　　• 시험시간 내에 과제 두 가지를 제출하지 못한 경우

　　　• 문제의 요구사항대로 과제의 수량이 만들어지지 않은 경우

　라) 오작

　　　• 구이를 찜으로 조리하는 등과 같이 조리방법을 다르게 한 경우

　　　• 해당 과제의 지급재료 이외의 재료를 사용하거나 석쇠 등 요구사항의 조리도구를 사용하지 않은 경우

　마) 요구사항에 표시된 실격, 미완성, 오작에 해당하는 경우

7) 항목별 배점은 위생상태 및 안전관리 5점, 조리기술 30점, 작품의 평가 15점입니다.

¹ 재료

달걀 1개, 대파 1토막(흰부분, 6cm), 진간장 15ml, 건표고버섯(물에 불린 것, 지름 5cm) 1개, 죽순(통조림(whole), 고형분) 20g, 팽이버섯 10g, 소금(정제염) 4g, 흰후춧가루 2g, 녹말가루(감자전분) 15g, 참기름 5ml, 돼지등심(살코기) 10g, 건해삼(불린 것) 20g

만드는 방법

1. 달걀은 거품이 나지 않게 잘 풀어서 놓는다.

2. 냄비에 물을 넣고 끓여서 끓은 물을 그릇에 넣고 표고버섯을 넣어 불리고, 죽순은 끓는 물에 살짝 데쳐 길이 4cm, 폭 0.2cm로 채 썰고, 대파도 같은 크기로 썰고 팽이버섯은 4cm 길이로 자른다.

3. 표고버섯은 기둥을 떼어 죽순과 같은 크기로 썰며, 해삼은 내장을 제거하고 깨끗하게 세척하여 길이 4cm, 폭 0.3cm 채 썰고, 새우는 내장을 제거하고 반으로 해삼과 같은 크기로 자르고 돼지고기는 핏물을 제거하고, 길이 4cm, 폭 0.2 cm로 자른다.

4. 냄비에 물을 넣어 끓으면, 돼지고기 채와 해삼과 새우 채를 넣고 끓이다가 거품은 걷어내고 간장, 소금, 후추로 양념을 한다.

5. 대파, 죽순, 표고버섯, 팽이버섯 차례로 넣고 끓이다가 물전분을 넣어 농도를 맞춘다.

6. 다시 끓어오르면 달걀을 돌려 부어서 부드럽게 익혀 참기름을 두 방울 넣어 그릇에 담아낸다.

TIP

- 달걀이 익으면 바로 불을 끈다.
- 달걀을 풀 때 뭉치지 않도록 주의한다.
- 반드시 끓으면 달걀을 넣도록 한다.
- 전분을 너무 많이 넣지 않도록 주의한다.

음식
평가

짜춘권

炸春捲

zha chun juan

시험시간 35분

요구사항

※ 주어진 재료를 사용하여 **짜춘권**을 만드시오.

가. 작은 새우를 제외한 채소는 길이 4cm 정도로 써시오.

나. 지단에 말이할 때는 지름 3cm 정도 크기의 원통형으로 하시오.

다. 짜춘권은 길이 3cm 정도 크기로 잘라 8개 제출하시오.

수험자 유의사항

1) 만드는 순서에 유의하며, 위생과 숙련된 기능평가를 위하여 조리작업 시 맛을 보지 않습니다.

2) 지정된 수험자지참준비물 이외의 조리기구나 재료를 시험장 내에 지참할 수 없습니다.

3) 지급재료는 시험 전 확인하여 이상이 있을 경우 시험위원으로부터 조치를 받고 시험 중에는 재료의 교환 및 추가지급은 하지 않습니다.

4) 요구사항의 규격은 "정도"의 의미를 포함하며, 지급된 재료의 크기에 따라 가감하여 채점합니다.

5) 위생상태 및 안전관리 사항을 준수합니다.

6) 다음 사항에 대해서는 채점대상에서 제외하니 특히 유의하시기 바랍니다.

　가) 기권

　　• 수험자 본인이 시험 도중 시험에 대한 포기 의사를 표현하는 경우

　나) 실격

　　• 가스레인지 화구 2개 이상(2개 포함) 사용한 경우

　　• 불을 사용하여 만든 조리작품이 작품특성에 벗어나는 정도로 타거나 익지 않은 경우

　　• 시험 중 시설·장비(칼, 가스레인지 등) 사용 시 감독위원 및 타 수험자의 시험 진행에 위협이 될 것으로 감독위원 전원이 합의하여 판단한 경우

　다) 미완성

　　• 시험시간 내에 과제 두 가지를 제출하지 못한 경우

　　• 문제의 요구사항대로 과제의 수량이 만들어지지 않은 경우

　라) 오작

　　• 구이를 찜으로 조리하는 등과 같이 조리방법을 다르게 한 경우

　　• 해당 과제의 지급재료 이외의 재료를 사용하거나 석쇠 등 요구사항의 조리도구를 사용하지 않은 경우

　마) 요구사항에 표시된 실격, 미완성, 오작에 해당하는 경우

7) 항목별 배점은 위생상태 및 안전관리 5점, 조리기술 30점, 작품의 평가 15점입니다.

1 재료

돼지등심(살코기) 50g, 작은 새우살(내장 있는 것) 30g, 건해삼(불린 것) 20g, 양파 1/4개(중, 150g), 조선부추 30g, 건표고버섯(물에 불린 것, 지름 5cm) 1개, 녹말가루(감자전분) 15g, 진간장 10ml, 소금(정제염) 2g, 검은후춧가루 2g, 참기름 5ml, 달걀 2개, 밀가루 20g(중력분), 식용유 800ml, 죽순(통조림(whole), 고형분) 20g, 대파 1토막(흰부분, 6cm), 생강 5g, 청주 20ml

만드는 방법

1. 냄비에 물을 넣고 끓여 그릇에 표고버섯을 담고 물을 넣어 불리고, 죽순은 데쳐 준비한다.

2. 달걀은 풀어서 물 1Ts, 소금 약간과 전분을 넣고 풀어 체에 한 번 내려주고, 밀가루는 물을 넣어 풀을 만든다.

3. 대파는 4cm길이로 채 썰고 생강도 채 썰고, 표고버섯은 기둥을 제거하고 채 썰고, 죽순과 양파도 길이 4cm로 채 썰고, 부추는 흰 부분과 파란 부분을 분리하여 4cm 길이로 썰어 준비한다.

4. 새우는 등쪽으로 내장 제거 후 데쳐 껍질 벗기고 두꺼울 경우 반으로 잘라 4cm로 썬다. 건해삼도 길이 4cm, 폭 0.3cm 크기로 채 썰어 물에 데친다.

5. 돼지고기는 길이 4cm, 폭 0.2cm로 채 썰어 간장, 소금, 청주, 후추로 밑간을 한다.

6. 팬을 달군 후 기름을 두르고 달걀지단을 부친다.

7. 팬에 기름을 두르고 생강채, 대파채를 볶다가 돼지고기를 볶으면서 양파, 죽순, 표고버섯, 새우살, 해삼채를 볶다가 부추 흰 부분과 파란 부분 순으로 넣어 볶은 다음 간장, 소금, 후추, 참기름으로 간하여 식힌다.

8. 도마 위에 달걀 지단을 올리고 가장자리에 밀가루 풀을 고루 발라준 다음 재료를 넣어 양 끝부분을 오므려 지름이 3cm 정도로 동그랗게 말아서 끝부분에 밀가루 풀을 발라 붙인다.

9. 튀김 냄비에 기름을 넣고 온도가 오르면 달걀을 넣고 부풀거나 터지지 않게 재빠르게 튀겨 낸 다음 두께 2cm로 썰어 보기 좋게 그릇에 담아낸다.

TIP

• 춘권을 튀길 때 온도가 너무 높으면 부풀거나 풀어질 수 있으므로 주의한다.

• 춘권을 말 때 소를 꼭 채워 단단하게 말아준다.

• 튀긴 춘권은 식으면 칼에 힘을 빼고 썰어야 부서지지 않는다.

음식
평가

마파두부

麻婆豆腐
ma po dou fu

시험시간 25분

요구사항

※ 주어진 재료를 사용하여 마파두부를 만드시오.

가. 두부는 1.5cm 정도의 주사위 모양으로 써시오.

나. 두부가 으깨어지지 않게 하시오.

다. 고추기름을 만들어 사용하시오.

수험자 유의사항

1) 만드는 순서에 유의하며, 위생과 숙련된 기능평가를 위하여 조리작업 시 맛을 보지 않습니다.

2) 지정된 수험자지참준비물 이외의 조리기구나 재료를 시험장 내에 지참할 수 없습니다.

3) 지급재료는 시험 전 확인하여 이상이 있을 경우 시험위원으로부터 조치를 받고 시험 중에는 재료의 교환 및 추가지급은 하지 않습니다.

4) 요구사항의 규격은 "정도"의 의미를 포함하며, 지급된 재료의 크기에 따라 가감하여 채점합니다.

5) 위생상태 및 안전관리 사항을 준수합니다.

6) 다음 사항에 대해서는 채점대상에서 제외하니 특히 유의하시기 바랍니다.

　　가) 기권

　　　• 수험자 본인이 시험 도중 시험에 대한 포기 의사를 표현하는 경우

　　나) 실격

　　　• 가스레인지 화구 2개 이상(2개 포함) 사용한 경우

　　　• 불을 사용하여 만든 조리작품이 작품특성에 벗어나는 정도로 타거나 익지 않은 경우

　　　• 시험 중 시설·장비(칼, 가스레인지 등) 사용 시 감독위원 및 타 수험자의 시험 진행에 위협이 될 것으로 감독위원 전원이 합의하여 판단한 경우

　　다) 미완성

　　　• 시험시간 내에 과제 두 가지를 제출하지 못한 경우

　　　• 문제의 요구사항대로 과제의 수량이 만들어지지 않은 경우

　　라) 오작

　　　• 구이를 찜으로 조리하는 등과 같이 조리방법을 다르게 한 경우

　　　• 해당 과제의 지급재료 이외의 재료를 사용하거나 석쇠 등 요구사항의 조리도구를 사용하지 않은 경우

　　마) 요구사항에 표시된 실격, 미완성, 오작에 해당하는 경우

7) 항목별 배점은 위생상태 및 안전관리 5점, 조리기술 30점, 작품의 평가 15점입니다.

¹ 재료

두부 150g, 마늘(중, 깐 것) 2쪽, 생강 5g, 대파 1토막(흰부분, 6cm), 홍고추(생) 1/2개, 두반장 10g, 검은후춧가루 5g, 돼지등심(다진 살코기) 50g, 흰설탕 5g, 녹말가루(감자전분) 15g, 참기름 5ml, 식용유 60ml, 진간장 10ml, 고춧가루 15g

만드는 방법

1. 냄비에 물을 넣고 끓인다.

2. 대파, 마늘과 생강은 작게 잘라 준비하고, (청고추), 홍고추는 반을 갈라 씨를 털어내고 0.5cm 크기로 작게 자른다.

3. 두부는 1.5cm 크기의 주사위 모양으로 자른 다음 끓는 물에 데친 후 체에 받쳐 물기를 제거한다.

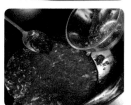

4. 돼지고기는 핏물을 제거하고 곱게 다진다.

5. 팬을 달군 후 기름을 두르고 고추가루를 넣고 약불에서 볶아 고운체에 걸러 고추기름을 만든다.

6. 전분과 물을 1 : 1로 혼합하여 물전분을 만든다.

7. 팬을 달군 다음 고추 기름을 두르고 마늘, 생강, 대파, (청고추), 홍고추를 넣어 향이 나게 볶다가 돼지고기를 넣고 청주와 간장을 넣어 밑간을 한다.

8. 물(육수)을 넣어 끓기 시작하면 두반장, 설탕, 후추와 두부를 넣고 물전분을 조금씩 넣어 걸쭉하게 농도를 낸 후 참기름을 넣어 그릇에 담아낸다.

● 고추기름 비율 : 고춧가루 1Ts : 기름 3Ts

● 소스 : 물 150g, 두반장 10g, 청주 1Ts, 설탕 1Ts, 소금, 후추 · 참기름 약간(싱거우면 간장을 약간 첨가)

TIP

• 고추기름이 타지 않도록 한다.

• 두부는 으깨지지 않도록 주의한다.

• 두부는 끓는 물에 살짝 데쳐서 사용한다.

음식
평가

홍쇼두부

紅燒豆腐

hong shao dou fu

시험시간 30분

요구사항

※ 주어진 재료를 사용하여 홍쇼두부를 만드시오.

가. 두부는 사방 5cm, 두께 1cm 정도의 삼각형 크기로 써시오.
나. 채소는 편으로 써시오.
다. 두부는 으깨어지거나 붙지 않게 하고 갈색이 나도록 하시오.

수험자 유의사항

1) 만드는 순서에 유의하며, 위생과 숙련된 기능평가를 위하여 조리작업 시 맛을 보지 않습니다.
2) 지정된 수험자지참준비물 이외의 조리기구나 재료를 시험장 내에 지참할 수 없습니다.
3) 지급재료는 시험 전 확인하여 이상이 있을 경우 시험위원으로부터 조치를 받고 시험 중에는 재료의 교환 및 추가지급은 하지 않습니다.
4) 요구사항의 규격은 "정도"의 의미를 포함하며, 지급된 재료의 크기에 따라 가감하여 채점합니다.
5) 위생상태 및 안전관리 사항을 준수합니다.
6) 다음 사항에 대해서는 채점대상에서 제외하니 특히 유의하시기 바랍니다.
   가) 기권

   • 수험자 본인이 시험 도중 시험에 대한 포기 의사를 표현하는 경우
나) 실격
   • 가스레인지 화구 2개 이상(2개 포함) 사용한 경우
   • 불을 사용하여 만든 조리작품이 작품특성에 벗어나는 정도로 타거나 익지 않은 경우
   • 시험 중 시설·장비(칼, 가스레인지 등) 사용 시 감독위원 및 타 수험자의 시험 진행에 위협이 될 것으로 감독위원 전원이 합의하여 판단한 경우
다) 미완성
   • 시험시간 내에 과제 두 가지를 제출하지 못한 경우
   • 문제의 요구사항대로 과제의 수량이 만들어지지 않은 경우
라) 오작
   • 구이를 찜으로 조리하는 등과 같이 조리방법을 다르게 한 경우
   • 해당 과제의 지급재료 이외의 재료를 사용하거나 석쇠 등 요구사항의 조리도구를 사용하지 않은 경우
마) 요구사항에 표시된 실격, 미완성, 오작에 해당하는 경우
7) 항목별 배점은 위생상태 및 안전관리 5점, 조리기술 30점, 작품의 평가 15점입니다.

¹ 재료

두부 150g, 돼지등심(살코기) 50g, 건표고버섯(물에 불린 것, 지름 5cm) 1개, 죽순(통조림 (whole), 고형분) 30g, 마늘(중, 깐 것) 2쪽, 생강 5g, 진간장 15ml, 녹말가루(감자전분) 10g, 청주 5ml, 참기름 5ml, 식용유 500ml, 청경채 1포기, 대파 1토막(흰부분, 6cm), 홍고추(생) 1 개, 양송이(통조림(whole), 양송이 큰 것) 1개, 달걀 1개

만드는 방법

1. 돼지고기는 넓이 3cm, 두께 0.2cm로 편으로 썬 다음 진간장, 청주로 밑간을 하고 달 걀 흰자와 전분을 넣어 잘 버무려 놓는다.

2. 두부는 사방 5cm 두께, 1cm 정도의 삼각형으로 썰어 소금을 뿌려 밑간을 하고 물기 를 제거한다.

3. 죽순은 석회질을 제거하고, 빗살 모양을 살려 길이 4cm, 폭 1cm 크기로 편 썰고, 표 고버섯은 기둥을 떼어내고 길이 4cm, 폭 1cm로 자르고 청경채도 같은 크기로 썰며 양송이는 0.3cm 편으로 자른다.

4. 냄비에 물을 끓여 청경채, 죽순, 표고버섯, 양송이를 데쳐낸다.

5. 대파와 홍고추는 반으로 갈라 길이 4cm, 폭 1cm 크기로 편으로 자르고, 마늘과 생강 도 편으로 자른다.

6. 팬에 기름을 두르고 물기를 제거한 두부를 앞뒤로 노릇노릇하게 지져낸다.

7. 5.에 두부를 건져내고 돼지고기를 기름을 넉넉히 두른 팬에 익혀낸다.

8. 팬에 기름을 두르고 대파, 마늘, 생강을 넣고 볶다가 죽순, 표고, 양송이, 청경채 줄기, 홍고추를 넣고 진간장, 청주로 양념하고 물을 넣고 끓으면 물전분으로 농도 조절하면 서 돼지고기와 두부를 넣은 후 참기름을 넣고 버무려 접시에 담아낸다.

TIP

- 청경채나 채소는 너무 오래 볶아 색이 변하지 않도록 한다.
- 두부는 으깨지지 않도록 주의하여 익혀내고 물기를 반드시 제거한 다음 기름에 넣는다.
- 전체적으로 간장 색이 날 수 있도록 주의한다.

음식
평가

물만두

水餃子
shui jiao zi

시험시간 35분

요구사항

※ **주어진 재료를 사용하여 물만두를 만드시오.**

가. 만두피는 찬물로 반죽하시오.

나. 만두피의 크기는 직경 6cm 정도로 하시오.

다. 만두는 8개를 제출하시오.

수험자 유의사항

1) 만드는 순서에 유의하며, 위생과 숙련된 기능평가를 위하여 조리작업 시 맛을 보지 않습니다.

2) 지정된 수험자지참준비물 이외의 조리기구나 재료를 시험장 내에 지참할 수 없습니다.

3) 지급재료는 시험 전 확인하여 이상이 있을 경우 시험위원으로부터 조치를 받고 시험 중에는 재료의 교환 및 추가지급은 하지 않습니다.

4) 요구사항의 규격은 "정도"의 의미를 포함하며, 지급된 재료의 크기에 따라 가감하여 채점합니다.

5) 위생상태 및 안전관리 사항을 준수합니다.

6) 다음 사항에 대해서는 채점대상에서 제외하니 특히 유의하시기 바랍니다.

　가) 기권

　　• 수험자 본인이 시험 도중 시험에 대한 포기 의사를 표현하는 경우

　나) 실격

　　• 가스레인지 화구 2개 이상(2개 포함) 사용한 경우

　　• 불을 사용하여 만든 조리작품이 작품특성에 벗어나는 정도로 타거나 익지 않은 경우

　　• 시험 중 시설·장비(칼, 가스레인지 등) 사용 시 감독위원 및 타 수험자의 시험 진행에 위험이 될 것으로 감독위원 전원이 합의하여 판단한 경우

　다) 미완성

　　• 시험시간 내에 과제 두 가지를 제출하지 못한 경우

　　• 문제의 요구사항대로 과제의 수량이 만들어지지 않은 경우

　라) 오작

　　• 구이를 찜으로 조리하는 등과 같이 조리방법을 다르게 한 경우

　　• 해당 과제의 지급재료 이외의 재료를 사용하거나 석쇠 등 요구사항의 조리도구를 사용하지 않은 경우

　마) 요구사항에 표시된 실격, 미완성, 오작에 해당하는 경우

7) 항목별 배점은 위생상태 및 안전관리 5점, 조리기술 30점, 작품의 평가 15점입니다.

¹ 재료

밀가루(중력분) 100g, 돼지등심(살코기) 50g, 조선부추 30g, 대파 1토막(흰부분, 6cm), 생강 5g, 소금(정제염) 10g, 진간장 10ml, 청주 5ml, 참기름 5ml, 검은후춧가루 3g

만드는 방법

1. 밀가루를 체에 내려 1Ts 정도 남겨두고, 나머지는 소금물 4Ts 정도 넣어 반죽을 해 젖은 면포나 비닐에 넣어 숙성시킨다.

2. 생강은 다져 즙을 내고, 대파는 곱게 다지고, 부추는 0.5cm로 자른다.

3. 돼지고기는 핏물을 제거하고 다져서 생강즙, 대파, 간장, 청주, 소금, 후춧가루로 양념하여 잘 치댄 후, 부추를 고루 섞어 만두소를 만든다.

4. 반죽은 다시 여러 번 잘 치댄 후 양쪽 손을 이용하여 골고루 엄지손가락만 굵기로 밀어 폭 1.5cm로 잘라 손으로 밀어가면서 지름이 6cm 정도가 되도록 피를 만든다.

5. 만두피 가운데 소를 넣고 반으로 접어 양쪽 엄지손가락으로 삼각진 모양이 되게 만두피를 눌러 중앙이 볼록한 삼각형이 되도록 만든다.

6. 냄비에 물을 넣고 끓여 간장으로 색을 내고 소금 간을 해 만두를 삶아낸다. 만두를 넣고 끓어 올라 소가 투명하게 비칠 정도로 익으면 접시에 참기름을 두르고 담아 육수를 자작하게 부어낸다.

TIP

- 만두피를 너무 묽게 하거나 되직하게 만죽하지 않도록 주의한다.
- 만두피는 일정하게 빚는다.
- 만두피 반죽은 찬물로 반드시 반죽한다.
- 만두를 삶을 때 찬물을 부으면서 삶으면 쫄깃한 식감을 낼 수 있다.
- 만두소를 너무 많이 넣으면 터질 수 있으니 주의한다.

음식
평가

빠스옥수수

拔絲玉米

ba si yu mi

시험시간 25분

요구사항

※ **주어진 재료를 사용하여 빠스옥수수를 만드시오.**

가. 완자의 크기를 직경 3cm 정도 공 모양으로 하시오.
나. 땅콩은 다져 옥수수와 함께 버무려 사용하시오.
다. 설탕시럽은 타지 않게 만드시오.
라. 빠스옥수수는 6개 만드시오.

수험자 유의사항

1) 만드는 순서에 유의하며, 위생과 숙련된 기능평가를 위하여 조리작업 시 맛을 보지 않습니다.
2) 지정된 수험자지참준비물 이외의 조리기구나 재료를 시험장 내에 지참할 수 없습니다.
3) 지급재료는 시험 전 확인하여 이상이 있을 경우 시험위원으로부터 조치를 받고 시험 중에는 재료의 교환 및 추가지급은 하지 않습니다.
4) 요구사항의 규격은 "정도"의 의미를 포함하며, 지급된 재료의 크기에 따라 가감하여 채점합니다.
5) 위생상태 및 안전관리 사항을 준수합니다.
6) 다음 사항에 대해서는 채점대상에서 제외하니 특히 유의하시기 바랍니다.

가) 기권
   • 수험자 본인이 시험 도중 시험에 대한 포기 의사를 표현하는 경우
나) 실격
   • 가스레인지 화구 2개 이상(2개 포함) 사용한 경우
   • 불을 사용하여 만든 조리작품이 작품특성에 벗어나는 정도로 타거나 익지 않은 경우
   • 시험 중 시설·장비(칼, 가스레인지 등) 사용 시 감독위원 및 타 수험자의 시험 진행에 위협이 될 것으로 감독위원 전원이 합의하여 판단한 경우
다) 미완성
   • 시험시간 내에 과제 두 가지를 제출하지 못한 경우
   • 문제의 요구사항대로 과제의 수량이 만들어지지 않은 경우
라) 오작
   • 구이를 찜으로 조리하는 등과 같이 조리방법을 다르게 한 경우
   • 해당 과제의 지급재료 이외의 재료를 사용하거나 석쇠 등 요구사항의 조리도구를 사용하지 않은 경우
마) 요구사항에 표시된 실격, 미완성, 오작에 해당하는 경우

7) 항목별 배점은 위생상태 및 안전관리 5점, 조리기술 30점, 작품의 평가 15점입니다.

재료

옥수수(통조림, 고형분) 120g, 땅콩 7알, 밀가루(중력분) 80g, 달걀 1개, 흰설탕 50g, 식용유 500ml

만드는 방법

1. 옥수수는 통조림은 체에 밭쳐 물기를 제거한 다음 도마에서 알맹이가 보이도록 굵게 다져준다.

2. 땅콩은 껍질을 벗기고 입자가 보일 정도로 다져준다.

3. 다진 옥수수와 땅콩, 달걀노른자 1/2, 밀가루 2~3Ts를 넣어 섞은 뒤 3cm 크기의 완자를 빚어준다.

4. 팬에 기름의 온도가 150~160℃가 되면 옥수수 완자를 넣고 속이 익을 때까지 노릇하게 튀겨준다.

5. 팬에 식용유 1Ts, 설탕 3Ts를 넣고 설탕이 녹으면서 투명해질 때까지 잘 섞어 갈색시럽을 만들어준다.

6. 시럽에 튀긴 완자를 넣어 찬물을 약간 넣어 버무려 가느다란 실이 생기도록 하여 기름 바른 그릇에 담아 식힌 후 완성 접시에 담아낸다.

TIP

- 옥수수는 수분을 반드시 제거한다.
- 설탕시럽의 온도가 너무 높지 않도록 주의한다.
- 팬의 온도가 너무 높아 설탕이 타지 않도록 주의한다.
- 밀가루를 너무 많이 넣지 않도록 주의한다.
- 완자의 크기가 일정하게 하며 6개를 반드시 제출하여야 한다.

음식
평가

해파리 냉채

凉拌海蜇

liang ban hai zhe

시험시간 20분

요구사항

※ **주어진 재료를 사용하여 다음과 같이 해파리 냉채를 만드시오.**

가. 해파리는 염분을 제거하고 살짝 데쳐서 사용하시오.

나. 오이는 0.2 × 6cm 정도 크기로 어슷하게 채를 써시오.

다. 해파리와 오이를 섞어 마늘소스를 끼얹어 내시오.

수험자 유의사항

1) 만드는 순서에 유의하며, 위생과 숙련된 기능평가를 위하여 조리작업 시 맛을 보지 않습니다.

2) 지정된 수험자지참준비물 이외의 조리기구나 재료를 시험장 내에 지참할 수 없습니다.

3) 지급재료는 시험 전 확인하여 이상이 있을 경우 시험위원으로부터 조치를 받고 시험 중에는 재료의 교환 및 추가지급은 하지 않습니다.

4) 요구사항의 규격은 "정도"의 의미를 포함하며, 지급된 재료의 크기에 따라 가감하여 채점합니다.

5) 위생상태 및 안전관리 사항을 준수합니다.

6) 다음 사항에 대해서는 채점대상에서 제외하니 특히 유의하시기 바랍니다.

　가) 기권

　　• 수험자 본인이 시험 도중 시험에 대한 포기 의사를 표현하는 경우

　나) 실격

　　• 가스레인지 화구 2개 이상(2개 포함) 사용한 경우

　　• 불을 사용하여 만든 조리작품이 작품특성에 벗어나는 정도로 타거나 익지 않은 경우

　　• 시험 중 시설·장비(칼, 가스레인지 등) 사용 시 감독위원 및 타 수험자의 시험 진행에 위협이 될 것으로 감독위원 전원이 합의하여 판단한 경우

　다) 미완성

　　• 시험시간 내에 과제 두 가지를 제출하지 못한 경우

　　• 문제의 요구사항대로 과제의 수량이 만들어지지 않은 경우

　라) 오작

　　• 구이를 찜으로 조리하는 등과 같이 조리방법을 다르게 한 경우

　　• 해당 과제의 지급재료 이외의 재료를 사용하거나 석쇠 등 요구사항의 조리도구를 사용하지 않은 경우

　마) 요구사항에 표시된 실격, 미완성, 오작에 해당하는 경우

7) 항목별 배점은 위생상태 및 안전관리 5점, 조리기술 30점, 작품의 평가 15점입니다.

¹ **재료**

해파리 150g, 오이 1/2개(가늘고 곧은 것, 20cm), 마늘(중, 깐 것) 3쪽, 식초 45ml, 흰설탕 15g, 소금(정제염) 7g, 참기름 5ml

만드는 방법

1. 해파리는 엷은 소금물에 손으로 주물러 비벼서 씻은 후 여러 번 헹구어 염분기를 제거 한다.

2. 해파리를 뜨거운 물(70~80도)에 데쳐 바로 건져 찬물로 여러번 씻은 후 건져 식초 1 큰술을 넣어 재워둔다.

3. 오이는 소금으로 문질러 씻어 길이 6cm, 두께 0.2cm로 잘라서 돌려깎기하여 채를 썬 다.

4. 다진 마늘, 설탕, 식초, 소금, 참기름으로 마늘 소스를 만든다.

5. 수분을 제거한 해파리와 오이채를 발 섞어서 마늘 소스로 고루 끼얹어서 접시에 담아 낸다.

- 해파리 소스 : 다진 마늘 1Ts, 식초 1Ts, 설탕 1Ts, 소금 2/1ts, 참기름 1/2ts, 간장 약간, 물 1Ts

TIP

- 해파리는 염장을 한 것이기 때문에 물에 담가 충분히 냄새와 염분을 제거한다.
- 해파리가 썰어지지 않는 것이 지급되었을 경우에는 말아서 채 썰어 사용한다.
- 데치는 물의 온도가 너무 높지 않도록 한다. 온도가 너무 높으면 심하게 오그라들고 질겨진다.
- 오이는 돌려깎기하여 썰거나 어슷썰기를 하여 채 썰어 사용한다.
- 소스를 너무 일찍 뿌리는 물이 생기기 때문에 주의한다.

음식
평가

라조기

辣椒鷄
la jiao ji

시험시간 30분

요구사항

※ 주어진 재료를 사용하여 다음과 같이 라조기를 만드시오.

가. 닭은 뼈를 발라낸 후 5 × 1cm 정도의 길이로 써시오.
나. 채소는 5 × 2cm 정도의 길이로 써시오.

수험자 유의사항

1) 만드는 순서에 유의하며, 위생과 숙련된 기능평가를 위하여 조리작업 시 맛을 보지 않습니다.
2) 지정된 수험자지참준비물 이외의 조리기구나 재료를 시험장 내에 지참할 수 없습니다.
3) 지급재료는 시험 전 확인하여 이상이 있을 경우 시험위원으로부터 조치를 받고 시험 중에는 재료의 교환 및 추가지급은 하지 않습니다.
4) 요구사항의 규격은 "정도"의 의미를 포함하며, 지급된 재료의 크기에 따라 가감하여 채점합니다.
5) 위생상태 및 안전관리 사항을 준수합니다.
6) 다음 사항에 대해서는 채점대상에서 제외하니 특히 유의하시기 바랍니다.
   가) 기권
   · 수험자 본인이 시험 도중 시험에 대한 포기 의사를 표현하는 경우

나) 실격
   · 가스레인지 화구 2개 이상(2개 포함) 사용한 경우
   · 불을 사용하여 만든 조리작품이 작품특성에 벗어나는 정도로 타거나 익지 않은 경우
   · 시험 중 시설 · 장비(칼, 가스레인지 등) 사용 시 감독위원 및 타 수험자의 시험 진행에 위협이 될 것으로 감독위원 전원이 합의하여 판단한 경우
다) 미완성
   · 시험시간 내에 과제 두 가지를 제출하지 못한 경우
   · 문제의 요구사항대로 과제의 수량이 만들어지지 않은 경우
라) 오작
   · 구이를 찜으로 조리하는 등과 같이 조리방법을 다르게 한 경우
   · 해당 과제의 지급재료 이외의 재료를 사용하거나 석쇠 등 요구사항의 조리도구를 사용하지 않은 경우
마) 요구사항에 표시된 실격, 미완성, 오작에 해당하는 경우
7) 항목별 배점은 위생상태 및 안전관리 5점, 조리기술 30점, 작품의 평가 15점입니다.

재료

닭다리 1개(중닭 1200g, 허벅지살 포함), 죽순(통조림(whole), 고형분) 50g, 건표고버섯(물에 불린 것, 지름 5cm) 1개, 홍고추(건) 1개, 양송이(통조림(whole), 양송이 큰 것) 1개, 청피망 1/3개(중, 75g), 청경채 1포기, 생강 5g, 대파 2토막(흰부분, 6cm), 마늘(중, 깐 것) 1쪽, 달걀 1개, 진간장 30ml, 소금(정제염) 5g, 청주 15ml, 녹말가루(감자전분) 100g, 고추기름 10ml, 식용유 900ml, 검은후춧가루 1g

만드는 방법

1. 냄비에 물을 올려 따뜻한 물에 표고버섯을 불리고 죽순은 석회질을 제거한다.

2. 닭은 뼈를 발라낸 후 손질하여 길이 4∼5cm, 폭 1cm로 잘라서 간장 1Ts, 후추, 청주, 후추를 첨가하고 달걀과 전분을 넣고 밑간을 한다.

3. 대파는 반으로 갈라 길이 4cm, 폭 2cm 크기로 자르고, 마늘, 생강은 얇게 편으로 자르고, 표고버섯은 기둥을 떼어 폭 2cm로 칼을 눕혀 저미며, 양송이는 꼭지를 제거하고 0.3cm 두께로 자른다. 죽순은 길이 4cm, 폭 2cm 크기로 자른다.

4. 건고추는 0.3cm 크기로 썰고, 청피망은 반으로 갈라서 씨를 제거하여 길이 4cm, 폭 2cm 크기로 썰며 청경채도 같은 크기로 썬다.

5. 닭은 튀김 냄비에 기름을 넣고 160도 정도에서 한 번 바싹하게 튀기고 두 번째는 170∼180 정도의 온도에서 바싹 튀겨낸다.

6. 팬에 고추기름을 두르고 건고추, 생강, 마늘, 대파를 넣고 볶다가 죽순, 표고, 양송이, 청경채, 청피망을 넣고 간장과 청주를 넣고 볶으면서 준비된 라조기 소스를 부어 끓으면 물전분을 조금씩 넣어 농도를 맞추어 튀긴 닭을 넣고 참기름을 약간 넣고 버무려 접시에 담아낸다.

TIP 🍋 🍋 🍋

• 닭은 뼈를 제거하여 사용하고 남은 닭 뼈는 육수로 사용한다.

• 닭은 밑간을 하고 바싹하게 튀겨낸다.

• 피망은 청고추로 지급될 수도 있다.

• 채소의 크기는 모두 일정하게 정선한다.

음식
평가

부추잡채

韭菜炒肉絲

시험시간 20분

jiu cai cao rou si

요구사항

※ 주어진 재료를 사용하여 다음과 같이 부추잡채를 만드시오.

가. 부추는 6cm 길이로 써시오.

나. 고기는 0.3 × 6cm 길이로 써시오.

다. 고기는 간을 하여 초벌하시오.

수험자 유의사항

1) 만드는 순서에 유의하며, 위생과 숙련된 기능평가를 위하여 조리작업 시 맛을 보지 않습니다.

2) 지정된 수험자지참준비물 이외의 조리기구나 재료를 시험장 내에 지참할 수 없습니다.

3) 지급재료는 시험 전 확인하여 이상이 있을 경우 시험위원으로부터 조치를 받고 시험 중에는 재료의 교환 및 추가지급은 하지 않습니다.

4) 요구사항의 규격은 "정도"의 의미를 포함하며, 지급된 재료의 크기에 따라 가감하여 채점합니다.

5) 위생상태 및 안전관리 사항을 준수합니다.

6) 다음 사항에 대해서는 채점대상에서 제외하니 특히 유의하시기 바랍니다.

　가) 기권

　　• 수험자 본인이 시험 도중 시험에 대한 포기 의사를 표현하는 경우

　나) 실격

　　• 가스레인지 화구 2개 이상(2개 포함) 사용한 경우

　　• 불을 사용하여 만든 조리작품이 작품특성에 벗어나는 정도로 타거나 익지 않은 경우

　　• 시험 중 시설·장비(칼, 가스레인지 등) 사용 시 감독위원 및 타 수험자의 시험 진행에 위험이 될 것으로 감독위원 전원이 합의하여 판단한 경우

　다) 미완성

　　• 시험시간 내에 과제 두 가지를 제출하지 못한 경우

　　• 문제의 요구사항대로 과제의 수량이 만들어지지 않은 경우

　라) 오작

　　• 구이를 찜으로 조리하는 등과 같이 조리방법을 다르게 한 경우

　　• 해당 과제의 지급재료 이외의 재료를 사용하거나 석쇠 등 요구사항의 조리도구를 사용하지 않은 경우

　마) 요구사항에 표시된 실격, 미완성, 오작에 해당하는 경우

7) 항목별 배점은 위생상태 및 안전관리 5점, 조리기술 30점, 작품의 평가 15점입니다.

¹ 재료

부추(호부추, 중국부추) 120g, 돼지등심(살코기) 50g, 달걀 1개, 청주 15ml, 소금(정제염) 5g, 참기름 5ml, 식용유 100ml, 녹말가루(감자전분) 30g

만드는 방법

1. 부추는 깨끗이 다듬어 씻어 줄기와 잎으로 나눠 6cm 길이로 자르고 푸른색과 흰색 부분을 구분해 놓는다.

2. 돼지고기는 얇게 저민 다음 결대로 길이 6cm, 두께 0.3cm로 채를 썬 다음 소금, 청주로 밑간을 하고 달걀흰자와 녹말가루를 넣어 버무린다.

3. 팬을 달군 후 기름을 두르고 돼지고기는 달라붙지 않도록 젓가락으로 풀어주면서 볶는다.

4. 팬을 달군 후 기름을 두르고 부추 줄기 부분(흰 부분)을 넣어 먼저 볶다가 부추잎 부분을 넣어 재빨리 볶아 소금으로 간을 한다.

5. 볶아놓은 돼지고기를 넣어 섞으면서 참기름을 넣어 담아낸다.

TIP

• 부추는 흰부분이 두꺼우므로 먼저 넣고 볶는다.

• 부추잡채는 오래 볶으면 물이 생기므로 재빠르게 볶아낸다.

• 고기는 익으면 굵어지므로 써는 것에 주의한다.

• 시험장에서는 조선부추가 나올 경우도 있으므로 자른 부추에 볶기 전에 소금으로 간을 한다음 재빨리 볶아야 물이 안 생기고 선명한 색을 유지할 수 있다.

음식
평가

빠스고구마

拔絲地瓜

ba si di gua

요구사항

※ **주어진 재료를 사용하여 다음과 같이 빠스고구마를 만드시오.**

가. 고구마는 껍질을 벗기고 먼저 길게 4등분을 내고, 다시 4cm 정도 길이의 다각형으로 돌려썰기 하시오.

나. 튀김이 바삭하게 되도록 하시오.

수험자 유의사항

1) 만드는 순서에 유의하며, 위생과 숙련된 기능평가를 위하여 조리작업 시 맛을 보지 않습니다.

2) 지정된 수험자지참준비물 이외의 조리기구나 재료를 시험장 내에 지참할 수 없습니다.

3) 지급재료는 시험 전 확인하여 이상이 있을 경우 시험위원으로부터 조치를 받고 시험 중에는 재료의 교환 및 추가지급은 하지 않습니다.

4) 요구사항의 규격은 "정도"의 의미를 포함하며, 지급된 재료의 크기에 따라 가감하여 채점합니다.

5) 위생상태 및 안전관리 사항을 준수합니다.

6) 다음 사항에 대해서는 채점대상에서 제외하니 특히 유의하시기 바랍니다.

　가) 기권

　　• 수험자 본인이 시험 도중 시험에 대한 포기 의사를 표현하는 경우

　나) 실격

　　• 가스레인지 화구 2개 이상(2개 포함) 사용한 경우

　　• 불을 사용하여 만든 조리작품이 작품특성에 벗어나는 정도로 타거나 익지 않은 경우

　　• 시험 중 시설·장비(칼, 가스레인지 등) 사용 시 감독위원 및 타 수험자의 시험 진행에 위협이 될 것으로 감독위원 전원이 합의하여 판단한 경우

　다) 미완성

　　• 시험시간 내에 과제 두 가지를 제출하지 못한 경우

　　• 문제의 요구사항대로 과제의 수량이 만들어지지 않은 경우

　라) 오작

　　• 구이를 찜으로 조리하는 등과 같이 조리방법을 다르게 한 경우

　　• 해당 과제의 지급재료 이외의 재료를 사용하거나 석쇠 등 요구사항의 조리도구를 사용하지 않은 경우

　마) 요구사항에 표시된 실격, 미완성, 오작에 해당하는 경우

7) 항목별 배점은 위생상태 및 안전관리 5점, 조리기술 30점, 작품의 평가 15점입니다.

¹ 재료

고구마 300g(1개), 식용유 1000ml, 흰설탕 100g

만드는 방법

1. 고구마는 껍질을 벗긴 후 길게 4등분을 내고 길이 4cm 정도의 다각형 모양으로 썰어서 돌려깎은 후 찬물에 담가 갈변 방지와 전분기를 제거한다.

2. 고구마는 마른 면포자기로 물기를 제거하고, 기름 온도가 150~160도가 되면 넣고 연한 갈색이 되도록 튀긴다.

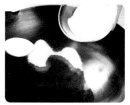

3. 팬에 식용유 1큰술에 설탕 4큰술을 넣고 강한 불로 녹기 시작하면 약한 불에서 타지 않게 저으면서 설탕시럽을 연한 갈색이 되게 만든다.

4. 갈색 시럽에 튀긴 고구마를 넣고 재빨리 버무리고 찬물을 2Ts 정도를 넣어 재빠르게 버무린다.

5. 식용유를 바른 접시에 고구마탕을 하나씩 가느다란 실이 생기도록 높이 들어서 떼어 놓고 식으면 그릇에 담아낸다.

TIP

- 고구마를 자를 때 각이 많이 나오도록 앞쪽으로 굴려가면서 자른다.
- 고구마를 튀길 때에 온도에 주의하여 튀긴다.
- 설탕시럽을 만들 때 온도가 너무 높아 타지 않도록 주의한다.
- 설탕시럽의 온도가 너무 높으면 실이 나오지 않으므로 주의한다.

음식
평가

경장육사

京醬肉絲
jing jiang rou si

시험시간 30분

요구사항

※ **주어진 재료를 사용하여 경장육사를 만드시오.**

가. 돼지고기는 길이 5cm 정도의 얇은 채로 썰고, 간을 하여 초벌하시오.

나. 춘장은 기름에 볶아서 사용하시오.

다. 대파 채는 길이 5cm 정도로 어슷하게 채 썰어 매운맛을 빼고 접시
  에 담으시오.

- -

수험자 유의사항

1) 만드는 순서에 유의하며, 위생과 숙련된 기능평가를 위하여 조리작
  업 시 맛을 보지 않습니다.

2) 지정된 수험자지참준비물 이외의 조리기구나 재료를 시험장 내에
  지참할 수 없습니다.

3) 지급재료는 시험 전 확인하여 이상이 있을 경우 시험위원으로부터
  조치를 받고 시험 중에는 재료의 교환 및 추가지급은 하지 않습니다.

4) 요구사항의 규격은 "정도"의 의미를 포함하며, 지급된 재료의 크기
  에 따라 가감하여 채점합니다.

5) 위생상태 및 안전관리 사항을 준수합니다.

6) 다음 사항에 대해서는 채점대상에서 제외하니 특히 유의하시기 바
  랍니다.

가) 기권
  - 수험자 본인이 시험 도중 시험에 대한 포기 의사를 표현하는 경우
나) 실격
  - 가스레인지 화구 2개 이상(2개 포함) 사용한 경우
  - 불을 사용하여 만든 조리작품이 작품특성에 벗어나는 정도로
    타거나 익지 않은 경우
  - 시험 중 시설 · 장비(칼, 가스레인지 등) 사용 시 감독위원 및 타
    수험자의 시험 진행에 위협이 될 것으로 감독위원 전원이 합의
    하여 판단한 경우
다) 미완성
  - 시험시간 내에 과제 두 가지를 제출하지 못한 경우
  - 문제의 요구사항대로 과제의 수량이 만들어지지 않은 경우
라) 오작
  - 구이를 찜으로 조리하는 등과 같이 조리방법을 다르게 한 경우
  - 해당 과제의 지급재료 이외의 재료를 사용하거나 석쇠 등 요구
    사항의 조리도구를 사용하지 않은 경우
마) 요구사항에 표시된 실격, 미완성, 오작에 해당하는 경우

7) 항목별 배점은 위생상태 및 안전관리 5점, 조리기술 30점, 작품의
  평가 15점입니다.

¹ 재료

돼지등심(살코기) 150g, 죽순(통조림(whole), 고형분) 100g, 대파 3토막(흰부분, 6cm), 달걀 1개, 춘장 50g, 식용유 300ml, 흰설탕 30g, 굴소스 30ml, 청주 30ml, 진간장 30ml, 녹말가루(감자전분) 50g, 참기름 5ml, 마늘(중, 간 것) 1쪽, 생강 5g

만드는 방법

1. 대파는 흰부분만 길이 4~6cm로 썰어 반을 갈라 심을 제거하여 폭 0.2cm로 곱게 채 썰어 찬물에 담가 매운맛을 뺀다.

2. 죽순은 4~6cm 길이로 채로 잘라 끓는 물에 데쳐 내고 마늘, 생강도 채 썰며 돼지고기도 길이 4~6cm, 두께 0.3cm로 채 썰어 청주와 간장, 달걀흰자와 전분을 넣고 골고루 섞어 준비한다.

3. 팬에 춘장을 넣고 식용유를 충분히 넣어 타지 않도록 서서히 고소한 향이 날 때까지 볶아 준비한다.

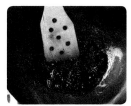

4. 팬을 달군 후 기름을 넣고 돼지고기는 젓가락으로 뭉치지 않게 풀어주면서 볶는다.

5. 팬을 달군 후 기름을 넣고 마늘과 생강을 넣어 볶다가 볶은 춘장과 굴소스를 넣어 볶으면서 물을 붓고 끓으면 간장(1작은술), 청주(1큰술), 설탕(1큰술)으로 간을 하고 물전분을 조금씩 넣으며 농도를 맞춘다.

6. 마지막으로 죽순과 돼지고기를 넣고 고루 섞은 후 참기름으로 맛을 낸다.

7. 물기를 제거한 파채를 완성 접시에 깔고 그 위에 볶은 고기를 소복하게 담아낸다.

음식
평가

유니짜장면

肉泥炸醬麵
rou ni zha jiang mian

시험시간 30분

요구사항

※ **주어진 재료를 사용하여 다음과 같이 유니짜장면을 만드시오.**

가. 춘장은 기름에 볶아서 사용하시오.

나. 양파, 호박은 0.5 x 0.5cm 정도 크기의 네모꼴로 써시오.

다. 중화면은 끓는물에 삶아 찬물에 헹군 후 데쳐 사용하시오.

라. 삶은 면에 짜장소스를 부어 오이채를 올려내시오.

수험자 유의사항

1) 만드는 순서에 유의하며, 위생과 숙련된 기능평가를 위하여 조리작업 시 맛을 보지 않습니다.

2) 지정된 수험자지참준비물 이외의 조리기구나 재료를 시험장 내에 지참할 수 없습니다.

3) 지급재료는 시험 전 확인하여 이상이 있을 경우 시험위원으로부터 조치를 받고 시험 중에는 재료의 교환 및 추가지급은 하지 않습니다.

4) 요구사항의 규격은 "정도"의 의미를 포함하며, 지급된 재료의 크기에 따라 가감하여 채점합니다.

5) 위생상태 및 안전관리 사항을 준수합니다.

6) 다음 사항에 대해서는 채점대상에서 제외하니 특히 유의하시기 바랍니다.

가) 기권
- 수험자 본인이 시험 도중 시험에 대한 포기 의사를 표현하는 경우

나) 실격
- 가스레인지 화구 2개 이상(2개 포함) 사용한 경우
- 불을 사용하여 만든 조리작품이 작품특성에 벗어나는 정도로 타거나 익지 않은 경우
- 시험 중 시설·장비(칼, 가스레인지 등) 사용 시 감독위원 및 타 수험자의 시험 진행에 위협이 될 것으로 감독위원 전원이 합의하여 판단한 경우

다) 미완성
- 시험시간 내에 과제 두 가지를 제출하지 못한 경우
- 문제의 요구사항대로 과제의 수량이 만들어지지 않은 경우

라) 오작
- 구이를 찜으로 조리하는 등과 같이 조리방법을 다르게 한 경우
- 해당 과제의 지급재료 이외의 재료를 사용하거나 석쇠 등 요구사항의 조리도구를 사용하지 않은 경우

마) 요구사항에 표시된 실격, 미완성, 오작에 해당하는 경우

7) 항목별 배점은 위생상태 및 안전관리 5점, 조리기술 30점, 작품의 평가 15점입니다.

재료

돼지등심(다진 살코기) 50g, 중화면(생면) 150g, 양파(중, 150g) 1개, 호박(애호박) 50g, 오이 1/4개(가늘고 곧은 것, 20cm), 춘장 50g, 생강 10g, 진간장 50ml, 청주 50ml, 소금 10g, 흰설탕 20g, 참기름 10ml, 녹말가루(감자전분) 50g, 식용유 100ml

만드는 방법

1. 양파와 호박은 0.5×0.5cm 정도의 네모꼴로 썰고, 생강은 곱게 다진다.

2. 다진 돼지고기도 다시 한 번 다져 놓는다.

3. 팬에 생짜장이 잠길 정도의 기름을 넣고, 기름이 뜨거워지면 생짜장을 넣어 타지 않게 저으면서 알맞게 튀겨 용기에 담아낸다.

4. 다시 팬에 기름을 넣고 뜨거워지면 약간의 양파와 생강, 다진 고기를 넣고 볶다가 간장, 청주를 넣어 향을 낸다.

5. 다진 고기가 익으면 다시 나머지 양파와 호박을 넣고 고루 볶아준다.

6. 고기와 채소가 충분히 익으면 미리 튀겨낸 짜장을 넣고 소금, 설탕을 넣어 간을 한다.

7. 짜장소스가 채소에 고루 묻어 볶아지면 여기에 육수를 적당히 붓고 물녹말을 걸쭉하게 푼 뒤 참기름을 약간 친다.

8. 중화면은 끓는 물에 삶아 찬물에 헹군 뒤 다시 뜨거운 물에 데쳐서 그릇에 담아 짜장소스를 붓고, 오이채를 썰어서 올려 낸다.

TIP

- 생짜장은 기름에 볶아서 사용한다.
- 채소는 0.5×0.5cm 정도의 네모꼴로 썬다.
- 중화면은 끓는 물에 삶아 찬물에 헹군 뒤 데쳐서 사용한다.
- 삶은 면에 짜장소스를 부어 오이채를 올려낸다.

음식
평가

울면

温卤面

wen lu mian

시험시간 30분

요구사항

※ 주어진 재료를 사용하여 다음과 같이 울면을 만드시오.

가. 오징어, 대파, 양파, 당근, 배춧잎은 6cm 정도 길이로 채를 써시오.

나. 중화면은 끓는물에 삶아 찬물에 행군 후 데쳐 사용하시오.

다. 소스는 농도를 잘 맞춘 다음, 달걀을 풀 때 덩어리지지 않게 하시오.

수험자 유의사항

1) 만드는 순서에 유의하며, 위생과 숙련된 기능평가를 위하여 조리작업 시 맛을 보지 않습니다.

2) 지정된 수험자지참준비물 이외의 조리기구나 재료를 시험장 내에 지참할 수 없습니다.

3) 지급재료는 시험 전 확인하여 이상이 있을 경우 시험위원으로부터 조치를 받고 시험 중에는 재료의 교환 및 추가지급은 하지 않습니다.

4) 요구사항의 규격은 "정도"의 의미를 포함하며, 지급된 재료의 크기에 따라 가감하여 채점합니다.

5) 위생상태 및 안전관리 사항을 준수합니다.

6) 다음 사항에 대해서는 채점대상에서 제외하니 특히 유의하시기 바랍니다.

　가) 기권

- 수험자 본인이 시험 도중 시험에 대한 포기 의사를 표현하는 경우

나) 실격

- 가스레인지 화구 2개 이상(2개 포함) 사용한 경우
- 불을 사용하여 만든 조리작품이 작품특성에 벗어나는 정도로 타거나 익지 않은 경우
- 시험 중 시설·장비(칼, 가스레인지 등) 사용 시 감독위원 및 타 수험자의 시험 진행에 위협이 될 것으로 감독위원 전원이 합의하여 판단한 경우

다) 미완성

- 시험시간 내에 과제 두 가지를 제출하지 못한 경우
- 문제의 요구사항대로 과제의 수량이 만들어지지 않은 경우

라) 오작

- 구이를 찜으로 조리하는 등과 같이 조리방법을 다르게 한 경우
- 해당 과제의 지급재료 이외의 재료를 사용하거나 석쇠 등 요구사항의 조리도구를 사용하지 않은 경우

마) 요구사항에 표시된 실격, 미완성, 오작에 해당하는 경우

7) 항목별 배점은 위생상태 및 안전관리 5점, 조리기술 30점, 작품의 평가 15점입니다.

재료

중화면(생면) 150g, 오징어(몸통) 50g, 작은 새우살 20g, 조선부추 10g, 대파 1토막(흰부분, 6cm), 마늘(중, 깐 것) 3쪽, 당근(길이 6cm) 20g, 배추잎 20g(1/2잎), 건목이버섯 1개, 양파 1/4개(중, 150g), 달걀 1개, 진간장 5ml, 청주 30ml, 참기름 5ml, 소금 5g, 녹말가루(감자전분) 20g, 흰후춧가루 3g

만드는 방법

1. 오징어, 대파, 양파, 당근, 배춧잎은 길이 6cm로 채 썬다.

2. 마늘은 다지고 목이버섯은 물에 불려 4cm 크기로 뜯거나 썰고, 부추는 길이 6cm 정도로 썬다.

3. 중화면은 끓는 물에 삶아 찬물에 헹군 뒤 다시 뜨거운 물에 데쳐 그릇에 담는다.

4. 팬에 육수를 부어 간장, 청주를 넣고 끓으면 모든 재료를 넣은 뒤 소금 간을 한다.

5. 육수가 끓으면 물녹말을 풀어 걸쭉하게 만들고 달걀을 푼다.

6. 후추와 참기름을 넣어 소스를 완성한 뒤 면 위에 붓는다.

TIP

• 오징어, 대파, 양파, 당근, 배춧잎은 6cm 정도 길이로 채 썬다.

• 중화면은 끓는물에 삶아 찬물에 헹군 뒤 데쳐서 사용한다.

• 소스는 농도를 잘 맞춘 다음, 달걀을 풀 때 뭉치지 않게 한다.

음식
평가

새우완자탕

虾丸子汤
xia wan zi tang

시험시간 25분

요구사항

※ 주어진 재료를 사용하여 다음과 같이 새우완자탕을 만드시오.

가. 새우는 내장을 제거하여 다지고, 채소는 3cm 정도 크기 편으로 썰어 사용하시오.

나. 완자는 새우살과 달걀흰자, 녹말가루를 이용하여 2cm 정도 크기로 6개 만드시오.

다. 완자는 손이나 수저로 하나씩 떼어 익히시오.

라. 국물은 맑게 하고, 양은 200ml 정도 내시오.

수험자 유의사항

1) 만드는 순서에 유의하며, 위생과 숙련된 기능평가를 위하여 조리작업 시 맛을 보지 않습니다.

2) 지정된 수험자지참준비물 이외의 조리기구나 재료를 시험장 내에 지참할 수 없습니다.

3) 지급재료는 시험 전 확인하여 이상이 있을 경우 시험위원으로부터 조치를 받고 시험 중에는 재료의 교환 및 추가지급은 하지 않습니다.

4) 요구사항의 규격은 "정도"의 의미를 포함하며, 지급된 재료의 크기에 따라 가감하여 채점합니다.

5) 위생상태 및 안전관리 사항을 준수합니다.

6) 다음 사항에 대해서는 채점대상에서 제외하니 특히 유의하시기 바랍니다.

가) 기권

• 수험자 본인이 시험 도중 시험에 대한 포기 의사를 표현하는 경우

나) 실격

• 가스레인지 화구 2개 이상(2개 포함) 사용한 경우

• 불을 사용하여 만든 조리작품이 작품특성에 벗어나는 정도로 타거나 익지 않은 경우

• 시험 중 시설·장비(칼, 가스레인지 등) 사용 시 감독위원 및 타 수험자의 시험 진행에 위협이 될 것으로 감독위원 전원이 합의하여 판단한 경우

다) 미완성

• 시험시간 내에 과제 두 가지를 제출하지 못한 경우

• 문제의 요구사항대로 과제의 수량이 만들어지지 않은 경우

라) 오작

• 구이를 찜으로 조리하는 등과 같이 조리방법을 다르게 한 경우

• 해당 과제의 지급재료 이외의 재료를 사용하거나 석쇠 등 요구사항의 조리도구를 사용하지 않은 경우

마) 요구사항에 표시된 실격, 미완성, 오작에 해당하는 경우

7) 항목별 배점은 위생상태 및 안전관리 5점, 조리기술 30점, 작품의 평가 15점입니다.

¹ 재료

작은 새우살 100g, 달걀 1개, 청경채 1포기, 양송이(통조림(whole), 양송이 큰 것) 1개, 대파 (흰부분, 6cm) 1토막, 죽순(통조림(whole), 고형분) 50g, 생강 5g, 진간장 10ml, 청주 30ml, 소금 10g, 검은후춧가루 5g, 참기름 10ml, 녹말가루(감자전분) 30g

만드는 방법

1. 새우살은 내장을 제거하여 물기를 짠 뒤 곱게 다진다.

2. 죽순, 청경채, 양송이 등의 채소는 얇게 편으로 썰고, 생강은 다지고, 파는 송송 썬다.

3. 곱게 다진 새우살에 달걀흰자, 녹말가루, 다진 생강, 소금, 청주(약간씩)를 넣어 잘 치 댄다.

4. 팬에 육수를 붓고 끓으면 불을 약하게 조절한 뒤 2㎝ 정도의 새우살완자를 하나씩 떼 어 넣고 끓인다.

5. 새우완자가 잘 익으면 썰어 놓은 채소를 넣고 다시 한 번 끓여준 뒤 참기름을 친다.

6. 완성된 새우완자탕을 그릇에 담은 뒤 송송 썬 파를 얹어낸다.

TIP

• 새우는 내장을 제거하여 다져서 사용한다.

• 완자는 새우살과 달걀흰자, 녹말가루를 사용하여 2cm 정도로 6개 만든다.

• 모든 채소는 3cm 정도 크기의 편으로 썬다.

• 국물은 맑게 하고, 양은 300㎖ 정도 낸다.

음식
평가

탕수생선살

糖醋魚塊

tang cu yu kuai

시험시간 **30분**

요구사항

※ 주어진 재료를 사용하여 다음과 같이 탕수생선살을 만드시오.

가. 생선살은 1 x 4cm 크기로 썰어 사용하시오.
나. 채소는 편으로 썰어 사용하시오.

수험자 유의사항

1) 만드는 순서에 유의하며, 위생과 숙련된 기능평가를 위하여 조리작업 시 맛을 보지 않습니다.
2) 지정된 수험자지참준비물 이외의 조리기구나 재료를 시험장 내에 지참할 수 없습니다.
3) 지급재료는 시험 전 확인하여 이상이 있을 경우 시험위원으로부터 조치를 받고 시험 중에는 재료의 교환 및 추가지급은 하지 않습니다.
4) 요구사항의 규격은 "정도"의 의미를 포함하며, 지급된 재료의 크기에 따라 가감하여 채점합니다.
5) 위생상태 및 안전관리 사항을 준수합니다.
6) 다음 사항에 대해서는 채점대상에서 제외하니 특히 유의하시기 바랍니다.

    가) 기권
        • 수험자 본인이 시험 도중 시험에 대한 포기 의사를 표현하는 경우

    나) 실격
        • 가스레인지 화구 2개 이상(2개 포함) 사용한 경우
        • 불을 사용하여 만든 조리작품이 작품특성에 벗어나는 정도로 타거나 익지 않은 경우
        • 시험 중 시설 · 장비(칼, 가스레인지 등) 사용 시 감독위원 및 타 수험자의 시험 진행에 위험이 될 것으로 감독위원 전원이 합의하여 판단한 경우

    다) 미완성
        • 시험시간 내에 과제 두 가지를 제출하지 못한 경우
        • 문제의 요구사항대로 과제의 수량이 만들어지지 않은 경우

    라) 오작
        • 구이를 찜으로 조리하는 등과 같이 조리방법을 다르게 한 경우
        • 해당 과제의 지급재료 이외의 재료를 사용하거나 석쇠 등 요구사항의 조리도구를 사용하지 않은 경우

    마) 요구사항에 표시된 실격, 미완성, 오작에 해당하는 경우

7) 항목별 배점은 위생상태 및 안전관리 5점, 조리기술 30점, 작품의 평가 15점입니다.

¹ 재료

흰생선살(껍질 벗긴 것, 동태 또는 대구) 150g, 당근 30g, 오이 1/6개(가늘고 곧은 것, 20cm), 완두콩 20g, 파인애플(통조림) 1쪽, 건목이버섯 1개, 녹말가루(감자전분) 100g, 식용유 600ml, 식초 60ml, 흰설탕 100g, 진간장 30ml, 달걀 1개

만드는 방법

1. 생선살은 1×4cm로 썰어서 녹말가루와 달걀흰자를 넣고 잘 버무려 기름에 바삭하게 튀겨낸다.

2. 채소는 편으로 썰어서 준비한다.

3. 팬에 물, 간장, 식초, 설탕을 넣고 끓인다.

4. ②의 채소를 넣고 끓으면 물전분을 풀어 걸쭉하게 한다.

5. ①의 생선살을 같이 넣고 잘 버무린다.

TIP

• 생선살은 1×4cm 크기로 썰어서 사용한다.

• 채소는 편으로 썰어 사용한다.

음식
평가

새우볶음밥

蝦炒飯
xia chao fan

시험시간 30분

요구사항

※ 주어진 재료를 사용하여 다음과 같이 새우볶음밥을 만드시오.

가. 새우는 내장을 제거하고 데쳐서 사용하시오.

나. 채소는 0.5cm 정도 크기의 주사위 모양으로 써시오.

다. 완성된 볶음밥은 질지 않게 하여 전량 제출하시오.

수험자 유의사항

1) 만드는 순서에 유의하며, 위생과 숙련된 기능평가를 위하여 조리작업 시 맛을 보지 않습니다.

2) 지정된 수험자지참준비물 이외의 조리기구나 재료를 시험장 내에 지참할 수 없습니다.

3) 지급재료는 시험 전 확인하여 이상이 있을 경우 시험위원으로부터 조치를 받고 시험 중에는 재료의 교환 및 추가지급은 하지 않습니다.

4) 요구사항의 규격은 "정도"의 의미를 포함하며, 지급된 재료의 크기에 따라 가감하여 채점합니다.

5) 위생상태 및 안전관리 사항을 준수합니다.

6) 다음 사항에 대해서는 채점대상에서 제외하니 특히 유의하시기 바랍니다.

　가) 기권

　　• 수험자 본인이 시험 도중 시험에 대한 포기 의사를 표현하는 경우

　나) 실격

　　• 가스레인지 화구 2개 이상(2개 포함) 사용한 경우

　　• 불을 사용하여 만든 조리작품이 작품특성에 벗어나는 정도로 타거나 익지 않은 경우

　　• 시험 중 시설·장비(칼, 가스레인지 등) 사용 시 감독위원 및 타 수험자의 시험 진행에 위험이 될 것으로 감독위원 전원이 합의하여 판단한 경우

　다) 미완성

　　• 시험시간 내에 과제 두 가지를 제출하지 못한 경우

　　• 문제의 요구사항대로 과제의 수량이 만들어지지 않은 경우

　라) 오작

　　• 구이를 찜으로 조리하는 등과 같이 조리방법을 다르게 한 경우

　　• 해당 과제의 지급재료 이외의 재료를 사용하거나 석쇠 등 요구사항의 조리도구를 사용하지 않은 경우

　마) 요구사항에 표시된 실격, 미완성, 오작에 해당하는 경우

7) 항목별 배점은 위생상태 및 안전관리 5점, 조리기술 30점, 작품의 평가 15점입니다.

¹ 재료

쌀(30분 정도 물에 불린 쌀) 150g, 작은 새우살 30g, 달걀 1개, 대파(흰부분, 6cm) 1토막, 당근 20g, 청피망 1/3개(중, 75g), 식용유 50ml, 소금 5g, 흰후춧가루 5g

만드는 방법

1. 불린 쌀을 냄비에 물을 넣고 고슬고슬하게 밥을 하여 식혀서 준비한다.

2. 새우는 등을 갈라 이물질을 제거하고 0.5cm 크기로 잘라 물에 데쳐서 준비한다.

3. 양파, 대파, 당근, 청피망도 새우와 같은 크기로 잘라 준비한다.

4. 팬에 기름을 넣고 달걀 하나를 넣고 휘저어 달걀이 익으면 밥을 넣고 타지 않도록 빠르게 볶아주다가 준비된 야채와 새우를 넣고 한번 더 강한 불로 빠르게 볶아주면서 소금 양념을 하여 접시에 담아낸다.

TIP

• 불린 쌀로 밥을 할 때 밥물을 넣을 때 너무 많이 넣지 않도록 한다.

• 달걀이 반드시 익으면 밥을 넣고 볶는다.

• 볶음밥은 달걀이 타지 않도록 빨리 팬을 돌리면서 볶아준다.

음식
평가

증교자

蒸餃子
zheng jiao zi

시험시간 35분

요구사항

※ **주어진 재료를 사용하여 다음과 같이 증교자(蒸餃子)를 만드시오.**
가. 증교자의 주름은 한방향으로 5개 이상 잡으시오.
나. 만두피는 익반죽으로 하시오.
다. 만두길이는 7cm 정도로 하고, 6개를 만들어 담아내시오.

수험자 유의사항

1) 만드는 순서에 유의하며, 위생과 숙련된 기능평가를 위하여 조리작업 시 맛을 보지 않습니다.
2) 지정된 수험자지참준비물 이외의 조리기구나 재료를 시험장 내에 지참할 수 없습니다.
3) 지급재료는 시험 전 확인하여 이상이 있을 경우 시험위원으로부터 조치를 받고 시험 중에는 재료의 교환 및 추가지급은 하지 않습니다.
4) 요구사항의 규격은 "정도"의 의미를 포함하며, 지급된 재료의 크기에 따라 가감하여 채점합니다.
5) 위생상태 및 안전관리 사항을 준수합니다.
6) 다음 사항에 대해서는 채점대상에서 제외하니 특히 유의하시기 바랍니다.
   가) 기권

   - 수험자 본인이 시험 도중 시험에 대한 포기 의사를 표현하는 경우
   나) 실격
   - 가스레인지 화구 2개 이상(2개 포함) 사용한 경우
   - 불을 사용하여 만든 조리작품이 작품특성에 벗어나는 정도로 타거나 익지 않은 경우
   - 시험 중 시설·장비(칼, 가스레인지 등) 사용 시 감독위원 및 타 수험자의 시험 진행에 위협이 될 것으로 감독위원 전원이 합의하여 판단한 경우
   다) 미완성
   - 시험시간 내에 과제 두 가지를 제출하지 못한 경우
   - 문제의 요구사항대로 과제의 수량이 만들어지지 않은 경우
   라) 오작
   - 구이를 찜으로 조리하는 등과 같이 조리방법을 다르게 한 경우
   - 해당 과제의 지급재료 이외의 재료를 사용하거나 석쇠 등 요구사항의 조리도구를 사용하지 않은 경우
   마) 요구사항에 표시된 실격, 미완성, 오작에 해당하는 경우
7) 항목별 배점은 위생상태 및 안전관리 5점, 조리기술 30점, 작품의 평가 15점입니다.

¹ 재료

돼지등심(다진 살코기) 50g, 밀가루(중력분) 100g, 조선부추 30g, 대파(흰부분, 6cm) 1토막, 생강 5g, 소금(정제염) 10g, 진간장 20ml, 청주 10ml, 참기름 5ml, 굴소스 10ml, 검은후춧가루 5g

만드는 방법

1. 물 200ml가 끓으면 소금을 5g을 넣고 불을 끄고 밀가루에 천천히 물을 넣으면서 숟가락을 이용하여 저어주어 고슬고슬하게 작은 알갱이가 생기면 손으로 뭉쳐 하나의 덩어리로 만들어 위생 비닐 봉투에 담아 준비한다.

2. 찜솥에 물을 넣고 끓인다.

3. 돼지고기 등심은 핏물을 제거하고 칼로 곱게 다져서 준비한다.

4. 조선부추와 대파는 0.5cm크기로 잘라 준비하고 생강은 다져서 준비한다.

5. 돼지고기 다진 것에 대파, 생강, 부추를 넣고 굴소스와 간장, 소금, 참기름을 넣고 양념을 하여 소를 준비한다.

6. 숙성된 반죽을 찰기가 생기도록 손으로 치댄다. (치댄 반죽을 양손으로 포개어 펼쳐보았을 때 표면이 갈라짐이 없이 매끄럽게 될 때까지 치댄다.)

7. 반죽을 가래떡처럼 길게 만들어 손으로 듣거나 칼로 2cm 크기로 잘라 손바닥의 움푹하게 패인 곳으로 가볍게 눌러 둔다. (이때 눌러놓은 반죽은 마르지 않도록 젖은 행주를 이용하여 덮어놓는다.)

8. 밀대를 이용하여 시계 반대 방향으로 피를 돌리면서 둥글게 밀어놓는다.

9. 왼손 엄지와 검지 사이 공간에 피를 올려두고 소를 넣고 하나씩 주름을 접어 완성한다.

10. 만두를 서로 붙지 않도록 배열하여 찜 솥에 7-8분간 찜을 하여 접시에 담아낸다.

TIP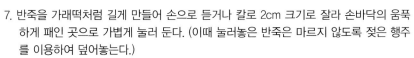

- 물이 팔팔 끓으면 소금을 넣고 소금이 다 녹으면 불을 끄고 바로 밀가루에 넣어 반죽한다.
- 소를 너무 많이 넣지 않도록 주의한다.
- 피를 밀대로 밀 때는 동그랗게 밀도록 한다.
- 너무 오래 찜을 하지 않도록 한다.
- 찜솥에 물이 끓으면 빚어놓은 만두를 넣는다.
- 찜을 할 때 만두가 서로 붙지 않도록 한다.
- 피를 동그랗게 밀어야 만두 모양이 예쁘게 잘 나온다.

> 음식
> 평가

Part

03

고급요리

금사해삼

金絲海蔘

jin si wu rong

¹ 재료

청피망 50g, 홍피망 30g, 당근 30g, 생강 10g, 죽순 30g, 표고버섯 25g, 대파 50g, 마늘 15g, 불린 해삼 150g, 중하 10마리, 건고추 5g, 굴소스 15g, 참기름 2g, 소금 5g, 고추기름 25g, 두반장 15g, 설탕 3g, 녹말가루(감자전분) 50g, 식용유 300cc, 청주 10g, 간장 20g, 닭육수 200cc, 후춧가루 2g

만드는 방법

1. 해삼은 물에 불려 내장을 제거하고 깨끗하게 세척하여 통으로 준비한다.

2. 청피망은 길이 4cm, 두께 0.2cm로 잘라 준비하고 홍피망도 같은 사이즈로 썰어서 정선한다.

3. 당근은 껍질을 제거하고 세척하여 길이 4cm, 두께 0.2cm로 썰어서 준비한다.

4. 죽순은 편으로 잘라 길이 4cm, 두께 0.2cm로 썰어서 끓는 물에 한 번 데쳐 준비한다.

5. 표고버섯은 잘 불려서 길이 4cm, 두께 0.2cm로 썰어서 준비한다.

6. 대파는 4cm로 잘라 길이로 4등분하여 준비하고, 1뿌리는 세척하여 다져서 준비하고, 생강과 마늘은 슬라이스로 썰어 준비한다.

7. 건고추는 길이 0.3cm로 송송 썰고 씨를 제거하여 준비한다.

8. 새우는 껍질을 제거하고 깨끗하게 정선하여 전분으로 씻어 물기를 제거하고 곱게 다져서 다져놓은 대파와 소금, 후춧가루, 참기름, 전분을 넣고 잘 버무려 소를 만들어 준비한다.

9. 해삼은 안쪽 면에 물기를 제거하고 마른 전분을 골고루 뿌리고 버무려 놓은 새우 소를 알맞게 넣고 1cm로 잘라 마른 전분으로 옷을 입혀 준비한다.

10 팬에 기름을 부어 온도가 160~170도가 되면 해삼을 넣고 노릇하게 튀겨서 기름을 제거한다.

11. 팬에 고추기름을 넣고 대파와 마늘, 생강, 청주를 넣고 향을 내어 준비된 야채를 첨가하고 간장으로 밑간하여 한 번 더 볶는다.

12. 육수를 첨가하고 화력을 줄여서 양념을 첨가하고 튀겨놓은 해삼을 넣고 끓으면 물전분으로 농도를 걸쭉하게 조절한 다음 마지막으로 참기름을 넣고 접시에 담아낸다.

음식
평가

¹ 재료

춘장 50g, 양파 80g, 대파 20g, 생강 5g, 돼지고기(등심) 20g, 호박 20g, 배춧잎 20g, 오징어 10g, 새우 10g, 해삼 20g, 오이 10g, 설탕 20g, 조미료 5g, 참기름 5g, 녹말가루 (감자전분) 5g, 육수 50g, 면 300g, 청주 5g, 간장 20g

만드는 방법

1. 춘장은 기름을 넣고 고소한 향이 날 때까지 타지 않게 볶아 준비한다.

2. 호박, 양파, 돼지고기는 2×2cm로 잘라 준비하고, 대파와 배춧잎은 송송 썰고, 생강은 다져 준비한다.

3. 오이는 가늘게 채썰어 고명으로 준비한다.

4. 오징어, 새우도 야채와 같은 사이즈로 잘라 뜨거운 물에 데쳐 준비한다.

5. 팬에 기름을 약간 넣고 생강과 돼지고기를 넣고 볶다가 야채와 해산물을 넣고 청주와 간장으로 밑간을 하고, 볶아놓은 춘장을 넣어 다시 한 번 골고루 볶고 양념을 하고 육수를 넣어 한 번 끓여 물전분으로 농도를 조절하고 참기름을 넣어 완성한다.

6. 면을 뜨거운 물에 삶아 차가운 물로 한 번 씻어 다시 뜨거운 물에 데쳐서 물기를 제거하고 그릇에 담아 준비된 짜장을 얹고 오이채를 올려 완성한다.

음식
평가

삼선짬뽕

三鮮炒麻面

san xian chao ma mian

재료

대파 10g, 마늘 10g, 고춧가루 30g, 표고버섯 20g, 죽순 20g, 양송이 20g, 새송이 20g, 배추 20g, 호박 25g, 모시조개 15g, 홍합 40g, 참소라 30g, 건고추 10g, 청양고추 25g, 당근 30g, 오징어 20g, 중새우 10g, 양파 10g, 면 300g, 소금 15g, 후춧가루 3g, 조미료 2g, 청주 5g, 간장 15g, 고추기름 20g, 참기름 2g, 육수 300ml

만드는 방법

1. 대파는 4cm 크기로 잘라 4등분하여 준비하고 마늘은 편으로 준비한다.

2. 표고버섯과 죽순은 편으로 썰고, 배추는 사선으로 칼을 눕혀 저며서 썰고, 호박과 당근, 새송이는 사선으로 잘라 마름모 형태로 만들어 다시 평편한 단면을 바닥에 붙여 마름모꼴로 자르고, 양파는 채썰어 준비한다.

3. 건고추는 씨를 제거하고 0.2cm 넓이로 잘라 놓고 모시조개와 홍합은 깨끗하게 손질하고, 참소라는 얇게 썰고, 오징어는 껍질을 제거하고, 대각선으로 칼을 눕혀 칼집을 넣고 다시 반대편으로 두세 번 칼집을 넣고 잘라 손질한 새우, 참소라, 모시조개와 같이 뜨거운 물에 데쳐 준비한다.

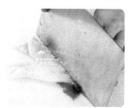

4. 물에 면을 삶아 차가운 물에 씻어 다시 뜨거운 물에 데쳐 그릇에 준비한다.

5. 팬에 고추기름을 약간 넣고 파와 마늘, 양파, 건고추를 넣어 향을 내고, 준비된 해산물과 야채를 넣고 청주를 넣어 향을 내고 재빨리 볶다가 간장으로 밑간을 하고 고춧가루를 첨가하여 다시 한 번 볶아준 다음 육수를 첨가하고 양념을 하여 준비된 면에 넣어 담아낸다.

음식
평가

유산슬

熘三丝
liu san si

1 재료

해삼 50g, 새우 30g, 돼지고기(등심) 50g, 표고버섯 30g, 죽순 30g, 양송이버섯 30g, 부추 20g, 대파 20g, 생강 5g, 마늘 10쪽, 팽이버섯 20g, 간장 20g, 조미료 2g, 소금 5g, 청주 10g, 참기름 5g, 후춧가루 2g, 전분 10g, 달걀 5g, 육수 50ml

만드는 방법

1. 새우는 껍질을 제거하고 깨끗하게 손질하여 준비한다.

2. 고기는 핏물을 제거하고 결 반대 방향으로 4cm 길이로 썰어 간장과 후추를 첨가하고 달걀과 전분을 넣어 준비한다.

3. 해삼, 표고버섯, 양송이, 죽순, 후춧가루, 팽이버섯은 길이 4cm로 썰어서 준비한다.

4. 파와 마늘 생강은 채로 썰어 잘라 준비한다.

5. 물을 넣고 끓으면 해삼과 새우를 데쳐내고, 죽순과 양송이, 표고버섯도 데쳐 준비한다.

6. 팬에 기름을 넣고 온도가 오르면 준비된 돼지고기를 익혀 준비한다.

7. 팬에 기름을 두르고 대파, 마늘. 생강을 넣고 향을 낸 다음 나머지 식재료를 첨가하고 청주를 넣고 향을 내고 간장으로 밑간을 하고 육수 첨가하고 양념을 한 다음 고기를 넣고 물전분을 첨가하여 걸쭉한 농도로 조절하고 참기름을 넣고 마무리하여 접시에 담아낸다.

음식
평가

누룽지탕
鍋粑三鮮
guo ba san xian

재료

찹쌀누룽지 50g(4개), 중하 60g, 오징어 50g, 죽순 30g, 새송이버섯 20g, 청경채 20g, 해삼 20g, 그린 홍합 2개, 표고버섯 20g, 청피망 20g, 홍피망 20g, 녹말가루(감자전분) 10g, 마늘 10g, 대파 15g, 생강 5g, 굴소스 10g, 간장 15g, 육수 200ml, 소금 2g, 후춧가루 2g, 참기름 2g, 설탕 2g, 청주 5g

만드는 방법

1. 죽순과 표고버섯, 양송이버섯은 가로×세로 2cm의 크기의 얇은 편으로 썰어 준비한다.

2. 청피망과 홍피망은 씨를 제거하고 새송이도 가로×세로 2cm의 마름모 형태로 잘라 준비한다.

3. 청경채는 줄기부분만 2~3cm 크기로 자르고, 대파는 길이 4cm로 잘라서 4등분하고 마늘은 편으로 썰고, 생강은 슬라이스로 준비한다.

4. 그린 홍합은 깨끗하게 세척하여 준비하고, 새우도 껍질을 제거하고 해삼은 내장을 제거하고 깨끗하게 정선하여 준비한다.

5. 오징어는 껍질을 제거하고 안쪽면에 칼집을 넣어 길이 4cm, 넓이 2cm의 크기로 잘라 놓는다.

6. 물을 끓여서 새우, 오징어, 홍합, 해삼, 죽순, 표고버섯을 데쳐 준비한다.

7. 팬에 기름을 넣고 찹쌀누룽지는 150도의 기름에 바삭하게 튀겨 기름을 제거하고 그릇에 담아 준비한다.

8. 팬에 기름을 넣고 파, 마늘, 생강을 볶아 향을 내고, 데쳐놓은 해물과 야채를 넣고 간장으로 밑간을 하고, 조미용 술을 부어 향을 낸다.

9. 다음 육수를 넣고 굴소스와 소금, 후춧가루를 넣어 양념을 하고 물전분을 첨가하여 농도를 조절한 다음 마지막으로 참기름을 넣어 튀겨놓은 누룽지 위에 끼얹어 마무리한다.

음식
평가

산라탕

酸辣湯

suan la tang

¹ 재료

두부 20g, 표고버섯 20g, 해삼 15g, 죽순 15g, 팽이버섯 10g, 중새우 20g, 녹말가루(감자전분) 30g, 두반장 10g, 파 10g, 생강 3g, 식초 20g, 후춧가루 3g, 육수 150ml, 설탕 5g, 조미료, 참기름, 소금

만드는 방법

1. 새우는 껍질을 제거하고 준비한다.

2. 대파, 생강은 슬라이스하여 준비한다.

3. 두부는 길이 5×0.3cm 두께로 굵게 슬라이스한다.

4. 죽순과 표고버섯은 슬라이스하여 준비한다.

5. 팽이버섯은 뿌리를 잘라 길이 5cm로 준비한다.

6. 물을 끓여 새우, 해삼, 죽순, 표고버섯을 데쳐 준비한다.

7. 팬에 육수를 첨가하고 대파, 생강을 넣고 끓이다가 식재료를 넣고 양념을 한 다음 마지막으로 두부와 식초를 넣고 끓으면 물전분을 넣어 농도를 조절한 후에 참기름과 핫소스를 첨가하여 그릇에 담는다.

음식
평가

옥수수게살수프

蟹肉玉米羹

xie rou yu mi geng

재료

게살 50g, 옥수수알갱이 30g, 육수 200ml, 생강 10g, 대파 20g, 소금 5g, 조미료, 후춧가루, 청주, 참기름 약간, 굴소스 5g, 달걀 1개

만드는 방법

1. 게살은 해동시켜 힘줄을 제거하고 물기를 제거한 후에 가늘게 찢어 준비한다.

2. 달걀은 흰자를 잘 저어 준비한다.

3. 생강, 파는 슬라이스로 썰어 준비하고 옥수수알갱이는 잘게 다져 준비한다.

4. 팬에 육수와 파, 마늘, 생강을 넣고 끓인다.

5. 게살을 첨가하고 양념을 한 다음 끓으면 물전분을 넣어 걸쭉하게 되면 달걀흰자를 풀고 참기름을 넣어 그릇에 담아낸다.

음식
평가

찜만두 · 군만두

煎(蒸)餃子

jian jiao zi

재료

밀가루 3kg, 돼지고기(방심) 1kg, 쇠고기(방심) 1kg, 돼지비계 1.5kg(간 것), 대파 500g(1단), 부추 500g(1단), 배추 50g, 간장 75g, 참기름 25g, 후춧가루 5g, 청주 5g, 설탕 10g, 조미료 7g, 생강 30g, 소금 50g, 굴소스 20g
● 7개 분량 : 돼지고기(70g), 비계 20g, 대파 1/2개, 부추 50g, 배추 50g, 생강 10g

만드는 방법

1. 물이 끓으면 소금을 넣고 물이 뜨거운 상태에서 조심스럽게 밀가루에 넣는다.

2. 만두피 반죽(밀가루 3kg, 물 1L, 소금 50g)을 준비해 놓고 15분 정도 보자기(비닐 봉투)에 덮어 발효시킨다.

3. 돼지고기, 쇠고기, 비계는 다져서 준비한다.

4. 파와 부추, 생강은 잘게 다져서 준비한다.

5. 준비된 재료와 양념을 넣고 잘 섞어 소를 준비한다. (소가 너무 되직하면 물을 약간 첨가한다.)

6. 반죽을 손으로 밀어서 찰지게 한 다음 작은 알갱이로 잘라서 밀대로 동그랗게 밀어서 소를 넣어 모양을 빚어 만든다.

7. 찜솥에 물이 끓으면 얇은 보를 깔고 9~10분 정도 찜을 하여 찐만두로 완성한다.

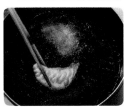

8. 찐만두를 식혀서 팬에 기름을 두르고 노릇하게 군만두로 양면을 지져내도 된다.

음식
평가

새우마요네즈

富貴蝦仁

fu gui xia ren

¹ 재료

달걀 2개, 전분, 식용유, 양상추 1통, 양파 1개, 중새우 20마리, 조미된 땅콩(믹스넛)

만드는 방법

1. 믹싱볼에 액상프리마와 설탕을 넣고 설탕이 녹을 때까지 충분히 저어준다.

2. 설탕이 모두 녹으면 마요네즈를 첨가하여 골고루 저어준 후에 마지막으로 레몬즙을 짜서 마요네즈에 첨가하여 소스를 마무리한다.

3. 새우는 껍질을 제거하고 마른 전분을 넣고 새우를 충분하게 버무려 물로 세척하여 건져서 등을 갈라서 이물질을 제거하고 물기를 제거하여 준비한다.

4. 양상추는 가늘게 슬라이스하여 찬물에 담가놓아 아삭하게 한다.

5. 적채와 비트 역시 슬라이스로 준비하여 물에 담가놓고, 특수야채도 깨끗하게 정선하여 준비한다.

6. 땅콩이나 믹스넛은 도마 위에 물기를 제거하고 칼로 으깨서 준비한다.

7. 양파는 슬라이스로 잘라 뜨거운 물에 데쳐 접시에 담아낸다.

8. 새우는 달걀과 마른 전분을 입혀 새우를 손으로 꽉 쥐어 길게 펴서 준비한 다음 팬에 기름을 넣고 170~180도에서 바삭하게 튀겨낸다.

9. 접시에 먼저 끓는 물에 데친 양파를 밑에 깔아 준비하고, 양상치와 특수야채를 가니쉬로 접시에 담아 준비하고, 팬을 깨끗하게 세척한 다음 불에 올려놓고 70~80도 정도로 온도가 올라가면 마요네즈 소스를 담아 빨리 저으면서 튀긴 새우를 넣어 버무려서 양파 위에 얹는다. (마요네즈 소스와 튀겨낸 새우를 그냥 버무려서 접시에 담아내도 무방)

10. 마지막으로 땅콩(믹스넛)을 새우 위에 뿌려서 마무리한다.
● 소스 : 마요네즈 3.2kg(1통), 액상프리마 500ml(2개), 레몬 4개, 설탕 750g

음식
평가

깐쇼새우

干烧虾仁

gan shao xia ren

재료

새우 200g, 달걀 1개, 대파 10g, 당근 50g, 청피망 20g, 홍피망 20g, 마늘 5g, 생강 5g, 청주 10g, 두반장 5g, 후춧가루 2g, 녹말가루(감자전분), 고추기름 30g, 케첩 60g, 설탕 30g, 참기름 2g, 완두콩 10g

만드는 방법

1. 새우는 내장을 제거하고 전분과 달걀으로 버무려 튀김 준비를 한다.

2. 야채는 1.5cm의 작은 사이즈로 정선하여 준비하고 대파, 마늘, 생강은 다져서 준비한다.

3. 팬에 기름을 넣고 새우를 바삭하게 튀겨 준비하고 팬을 씻어 기름을 조금 넣은 다음 온도가 오르면 준비된 야채를 첨가하고 청주를 넣어 한 번 볶은 다음 준비된 소스를 첨가하여 한 번 끓으면 물전분으로 농도를 조절하고 튀겨놓은 새우를 넣어 접시에 담아낸다.

● 소스 : 고추기름 2Ts, 케첩 1Ts, 두반장 1Ts, 청주 1Ts, 물 1/2컵, 식초 1Ts, 설탕 3Ts, 참기름 약간

음식
평가

유린기

油淋鷄

you lin ji

재료

닭고기(뼈를 발라낸 허벅지살) 500g, 소금 2g, 후춧가루 2g, 생강 5g, 녹말가루(감자전분), 달걀 1개, 레몬 1개, 청양고추 1개, 홍고추 1개, 찹쌀가루 20g, 양상추 50g

만드는 방법

1. 닭고기는 넓게 펴서 칼집을 넣은 다음 소금, 후추, 청주, 다진 생강 넣어 밑간을 한다.

2. 불려놓은 물전분에 찹쌀가루, 달걀을 넣고 튀김옷을 준비한다.

3. 기름의 온도가 150도에 이르면 튀김옷을 입힌 닭고기를 두 번 튀겨서 바삭하게 준비한다.

4. 홍고추, 청양고추, 대파는 모두 송송 썰고, 양상추는 슬라이스나 편으로 준비하여 밑에 깔거나 위에 뿌려 도록 잘라 차가운 물에 담가놓고, 레몬은 편과 즙을 준비하고 소스 재료들을 모두 섞어서 설탕이 녹도록 잘 저어준다.

5. 튀겨놓은 닭을 잘라 접시에 담고 소스를 닭 위에 끼얹어 완성한다.

● 소스 : 간장 3큰술, 식초 3큰술, 설탕 3큰술, 레몬 1개, 참기름, 다진 마늘 3큰술, 대파, 청양고추 1개, 홍고추 1개

음식
평가

사천탕수육

四川糖醋肉

si chuan tang cu rou

재료

돼지고기 250g, 달걀 1개, 오이 30g, 죽순 50g, 생강 5g, 당근 50g, 양파 30g, 청피망 15g, 홍피망 15g, 파인애플 2개, 대파 20g, 설탕 60g, 육수 200cc, 녹말가루(감자전분) 90g, A1 소스 50g, 케첩 60g, 생강 10g, 식용유

만드는 방법

1. 생강은 잘게 다지고, 편으로 잘라 준비한다.

2. 돼지고기는 깨끗하게 손질하여 네모꼴로 썰어 생강과 간장, 정종을 넣고 양념을 해놓는다.

3. 야채는 깨끗하게 씻어서 삼각형 모양으로 굴려 썰고, 청피망은 사다리꼴 형태로 썰고 대파는 어슷썰기로 썰고 생강은 납작하게 편으로 썬다.

4. 팬에 기름을 넣고 기름의 온도가 160~180도가 되면 튀겨 접시에 담아 준비한다.

5. 팬에 기름을 조금 넣고 대파와 생강편을 넣은 다음 향을 낸다.

6. 야채를 첨가하고 물을 넣고 케첩과 설탕을 넣고 물전분으로 농도를 조절하여 고기 위에 부어서 담아낸다.

● 소스 : 물 1컵, 케첩 2Ts, 설탕 3Ts, A1 소스 1Ts

음식
평가

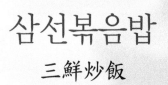

삼선볶음밥

三鮮炒飯

san xian chao fan

재료

밥 100g, 대파 20g, 당근 20g, 오이 10g, 새우 25g, 완두콩 20g, 오징어 10g, 달걀 1개,
식용유, 참기름, 소금

만드는 방법

1. 쌀을 불려 물기가 적게 밥을 지어 준비한다.

2. 모든 야채는 0.5cm의 작은 사이즈로 잘라 준비한다.

3. 새우, 오징어, 완두콩은 깨끗하게 정선하여 뜨거운 물에 데쳐 준비한다.

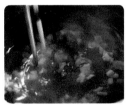

4. 팬에 기름을 두르고 달걀을 넣고 충분히 풀어준 다음 야채와 해산물을 넣고 밥을
   넣어 재빨리 볶고 양념하여 그릇에 담아낸다.

음식
평가

탕수조기

糖醋黃魚

tang cu huang yu

¹ 재료

조기 1마리, 청주 30ml, 녹말가루(감자전분) 200g, 달걀 1개, 배추 20g, 당근 30g, 건표고버섯(물에 불린 것) 1개, 건목이버섯 2개, 대파 1토막(흰부분, 6cm), 생강 5g, 간장 60ml, 설탕 50g, 식초 30ml, 육수(물) 300ml, 식용유 800ml

만드는 방법

1. 조기는 비늘을 벗겨내어 아가미 속에 나무젓가락을 넣어 돌려가며 내장을 뺀다.
2. 조기는 물에 씻어 물기를 제거하여 2~3cm 간격으로 어슷하게 칼집을 양면에 같이 넣어 소금, 청주로 밑간을 한다.
3. 배추와 당근은 길이 5cm, 폭과 두께 0.3cm 크기로 채 썰고 불린 표고버섯과 목이버섯도 채썰어 두고 생강은 가늘게 채를 썰고, 대파는 반을 갈라 당근과 같은 크기로 채 썬다.

4. 튀김 냄비에 기름을 넣고 온도가 160~170도가 되도록 가열한다.
5. 조기는 물기 제거한 다음 녹말가루에 달걀을 넣어 되직한 튀김 옷 반죽을 만들어 골고루 묻히고, 칼집 사이사이에도 골고루 바른다.

6. 온도가 오른 기름에 조기 머리부터 넣고 배가 팬 바닥으로 가게 하여 젓가락으로 양 손을 이용하여 S자형으로 휘게 만들어 바싹하게 튀긴다.
7. 팬에 기름을 두르고 생강과 파를 넣고 볶다가 당근, 목이버섯, 표고버섯, 배추를 넣고 청주, 설탕, 식초, 진간장, 소금을 넣고 끓어오르면 물녹말을 조금씩 풀어 넣어 농도 가 걸쭉하게 되도록 한다.

8. 튀긴 조기를 접시에 담고 소스를 생선 위에 보기 좋게 끼얹어 준다.
- 탕수소스 : 물(육수) 1컵, 식초 3Ts, 설탕 2Ts, 간장 1Ts
- 물전분은 물2 : 전분1의 비율

음식
평가

생선완자탕

魚丸子湯

yu wan zi tang

¹ 재료

흰생선살(동태, 대구) 100g, 소금 10g, 청주 10ml, 녹말가루(감자전분) 50g, 달걀 1개, 양송이(통조림) 1개, 죽순(통조림(whole), 고형분) 30g, 대파 1토막(흰부분, 6cm), 청경채 1포기, 육수(물) 400ml, 참기름 5ml

만드는 방법

1. 죽순은 석회질을 제거한 후 가로. 세로 2cm로 얇게 편 썰고, 양송이. 청경채도 같은 크기로 편 썰어 준비하고 대파는 0.3cm 두께로 송송 둥글게 썰어 준다.

2. 생선은 살만 발라서 물기를 제거하고 곱게 다져서 소금 청주로 밑간을 한다.

3. 냄비에 물을 끓여 소금을 약간 넣고 준비된 채소를 살짝 데쳐서 찬물에 헹구어 둔다.

4. 생선살에 녹말가루와 달걀흰자를 넣어 끈기가 생기도록 골고루 치대어 지름 2cm 크기로 완자를 만든다.

5. 냄비에 물 2컵을 넣어 끓으면 소금을 넣고 완자를 넣어 떠오르면 완자는 건져서 그릇에 담고 국물은 면포자기에 걸러 육수로 사용한다.

6. 육수에 소금 넣고, 끓으면 양송이, 죽순, 청경채를 넣고 파와 참기름을 넣어 완자가 담긴 그릇에 부어낸다.

TIP

- 완자를 만들 때 생선살의 수분은 제거한다.
- 완자를 만들어 너무 오래 끓이지 않도록 한다.
- 끓이는 도중에 거품은 반드시 걷어내어 국물을 맑게 한다.
- 완자의 크기가 일정하면 좋다.
- 완자를 넣어 익힐 때는 처음부터 강한 불에 넣으면 풀어지므로 약한 불에서 온도를 올려 익히도록 하고, 한번에 모두 넣지 말고 먼저 하나를 넣어 부서지는 것을 확인한다.

음식
평가

참고문헌

과서연 외, 『中国烹任百科全书』, 중국대백과전서출판사, 1992

김지응 외 4인, 『초보자를 위한 중국요리입문』, 2008

박정도, 『중국차의 향기』, 도서출판 박이정, 2001

심규호, 『연표와 사진으로 보는 중국사』, 2002

왕자휘 외, 『中国烹任全书』, 흑룡강과학기술출판사, 1990

이종기, 『술, 술을 알면 세상이 즐겁다』, 한송, 2001

텐쥐엔, 『中國主流消費市場研究報告』, 企業管理出版社 네오넷코리아, 2003

하헌수, 『NCS교육과정에 기반한 호텔 중국요리』, 백산출판사, 2015

한재원 · 안상란, 『기초 중식조리』, 백산출판사, 2015

허만즈, 『중국의 술 문화』, 에디터, 2004

http://blog.naver.com/s105861?Redirect=Log&logNo=9…

http://cafe.daum.net/pmss10102/2v6N/368?docid=bYEA|2v6N|368|2011
0101021735&q=%C1%DF%B1%B9%C1%F6%B5%B5

http://davansa.co.kr/

http://myhome.naver.com/niwiht/main.htm

http://myhome.thrunet.com/%7Eykj77/chtea.html

http://ko.wikipedia.org/wiki/%ED%95%B4%EC%84%A0%EC%9E%A5

http://terms.naver.com/entry.nhn?cid=2694&docId=769499&mobile&cate
goryId=2699

http://terms.naver.com/entry.nhn?cid=2698&docId=887455&mobile&cate
goryId=2698

http://www.chinainkorea.co.kr/

http://www.ncs.go.kr/ncs/page.do?sk=P1A2_PG01_002&mk=&uk=

조리기능사 실기시험문제 현황

■ 시험문제 요구사항과 수험자유의사항의 수정내용 중 단순 맞춤법이나 문장순화를 위한 변경내용은 변경내역에 기록하지 않음을 알려드립니다.
■ 시험문제 수험자 유의사항
오작 - (1) 구이를 찜으로 조리하는 등과 같이 조리방법을 다르게 한 경우
→ 구이를 찜으로 조리하는 등과 같이 완성품을 요구사항과 다르게 만든 경우

1. 개인위생상태 세부기준

순번	구분	세부기준
1	위생복	• 상의 : 흰색, 긴팔 • 하의 : 색상무관, 긴바지 • 안전사고 방지를 위하여 반바지, 짧은 치마, 폭넓은 바지 등 작업에 방해가 되는 모양이 아닐 것
2	위생모 (머리수건)	• 흰색 • 일반 조리장에서 통용되는 위생모
3	앞치마	• 흰색 • 무릎아래까지 덮이는 길이
4	위생화 또는 작업화	• 색상 무관 • 위생화, 작업화, 발등이 덮이는 깨끗한 운동화 • 미끄러짐 및 화상의 위험이 있는 슬리퍼류, 작업에 방해가 되는 굽이 높은 구두, 속굽 있는 운동화가 아닐 것
5	장신구	• 착용 금지 • 시계, 반지, 귀걸이, 목걸이, 팔찌 등 이물, 교차오염 등의 식품위생 위해 장신구는 착용하지 않을 것
6	두발	• 단정하고 청결할 것 • 머리카락이 길 경우, 머리카락이 흘러내리지 않도록 단정히 묶거나 머리망 착용할 것
7	손톱	• 길지 않고 청결해야 하며 매니큐어, 인조손톱부착을 하지 않을 것

※ 개인위생 및 조리도구 등 시험장 내 모든 개인물품에는 기관 및 성명 등의 표시가 없을 것

2. 안전관리 세부기준

  1. 조리장비 · 도구의 사용 전 이상 유무 점검
  2. 칼 사용(손 빔) 안전 및 개인 안전사고 시 응급조치 실시
  3. 튀김기름 적재장소 처리 등

중식조리

개요
 한식, 중식, 일식, 양식, 복어조리부문에 배속되어 제공될 음식에 대한 계획을 세우고 조리할 재료를 선정, 구입, 검수하고 선정된 재료를 적정한 조리기구를 사용하여 조리 업무를 수행하며 음식을 제공하는 장소에서 조리시설 및 기구를 위생적으로 관리, 유지하고, 필요한 각종 재료를 구입, 위생학적, 영양학적으로 저장 관리하면서 제공될 음식을 조리 · 제공하기 위한 전문인력을 양성하기 위해 자격제도 제정

수행직무
 중식조리부문에 배속되어 제공될 음식에 대한 계획을 세우고 조리할 재료를 선정, 구 입, 검수하고 선정된 재료를 적정한 조리기구를 사용하여 조리업무를 수행함 또한 음식 을 제공하는 장소에서 조리시설 및 기구를 위생적으로 관리, 유지하고, 필요한 각종 재 료를 구입, 위생학적, 영양학적으로 저장 관리하면서 제공될 음식을 조리하여 제공하 는 직종임

실시기관 홈페이지 www.q-net.or.kr

시행기관명 한국산업인력공단

진로 및 전망
 식품접객업 및 집단 급식소 등에서 조리사로 근무하거나 운영이 가능함. 업체간, 지역간의 이동이 많은 편이고 고용과 임금에 있어서 안정적이지는 못한 편이지만, 조리에 대한 전문가로 인정받게 되면 높은 수익과 직업적 안정성을 보장받게 된다.
  – 식품위생법상 대통령령이 정하는 식품접객영업자(복어조리, 판매영업 등)와 집단급식 소의 운영자는 조리사 자격을 취득하고, 시장 · 군수 · 구청장의 면허를 받은 조리사를 두어야 한다.

시험 수수료 – 필기 : ₩11,900 – 실기 : ₩28,500

출제경향

– 요구작업 내용 : 지급된 재료를 갖고 요구하는 작품을 시험시간 내에 1인분을 만들어내
는 작업

– 주요 평가내용 : 위생상태(개인 및 조리과정) · 조리의 기술(기구취급, 동작, 순서, 재료
다듬기 방법) · 작품의 평가 · 정리정돈 및 청소

취득방법

① 시 행 처 : 한국산업인력공단

② 시험과목 – 필기 : 식품위생 및 관련법규, 식품학, 조리이론 및 급식관리, 공중보건
– 실기 : 중식조리작업

③ 검정방법 – 필기 : 객관식 4지 택일형, 60문항(60분)
– 실기 : 작업형(60분 정도)

④ 합격기준 : 100점 만점에 60점 이상

필기시험 원서접수

1. 접수기간 내에 인터넷을 이용 원서접수
- ▶ 비회원의 경우 우선 회원 가입(필히 사진등록)
- ▶ 지역에 상관없이 원하는 시험장 선택 가능

2. 수험사항 통보
- ▶ 수험일시와 장소는 접수 즉시 통보됨
- ▶ 본인이 신청한 수험장소와 종목이 수험표의 기재사항과 일치 여부 확인

3. 필기시험 시험일 유의사항
- ▶ 입실시간 미준수 시 시험응시 불가
- ▶ 수험표, 신분증, 필기구(흑색 사인펜 등) 지참

4. 합격자 발표
- ▶ 인터넷, ARS, 접수지사에 게시 공고

5. 응시자격서류심사
- ▶ 대상 : 기술사, 기능장, 기사, 산업기사, 전무사무 분야 중 응시자격 제한 종목(직업상담사 1급, 사회조사분석사 1급, 임상심리사 2급 등)
- ▶ 응시자격서류 제출기한 내(토, 일, 공휴일 제외)에 소정의 응시자격서류(졸업증명서, 공단 소정 경력증명서 등)를 제출하지 아니할 경우에는 필기시험 합격예정이 무효됩니다.
- ▶ 응시자격서류를 제출하여 합격처리된 사람에 한하여 실기접수가 가능함
- ▶ 온라인응시자격서류제출은 필기시험 원서접수일 부터 필기시험 합격자 발표전일 까지 가능

출제기준(필기)

직무 분야	음식서비스	중직무 분야	조리	자격 종목	중식조리 기능사	적용 기간	2019.1.1. ~ 2019.12.31.

• 직무내용 : 중식조리분야에 제공될 음식에 대한 기초 계획을 세우고 식재료를 구매, 관리, 손질하여 맛, 영양, 위생적인 음식을 조리하고 조리기구 및 시설관리를 유지하는 직무

필기검정방법	객관식	문제수	60	시험시간	1시간

필기과목명	문제수	주요항목	세부항목	세세항목
식품위생 및 관련법규, 식품학, 조 리이론 및 원가계산, 공중보건	60	1. 식품위생	1. 식품위생의 의의 2. 식품과 미생물	1. 식품위생의 의의 1. 미생물의 종류와 특성 2. 미생물에 의한 식품의 변질 3. 미생물 관리 4. 미생물에 의한 감염과 면역
		2. 식중독	1. 식중독의 분류	1. 세균성 식중독의 특징 및 예방대책 2. 자연독 식중독의 특징 및 예방대책 3. 화학적 식중독의 특징 및 예방대책 4. 곰팡이 독소의 특징 및 예방대책
		3. 식품과 감염병	1. 경구감염병 2. 인수공통감염병 3. 식품과 기생충병 4. 식품과 위생동물	1. 경구감염병의 특징 및 예방대책 1. 인수공통감염병의 특징 및 예방대책 1. 식품과 기생충병의 특징 및 예방대책 1. 위생동물의 특징 및 예방대책
		4. 살균 및 소독	1. 살균 및 소독	1. 살균의 종류 및 방법 2. 소독의 종류 및 방법
		5. 식품첨가물과 유해물질	1. 식품첨가물	1. 식품첨가물 일반정보 2. 식품첨가물 규격기준 3. 중금속 4. 조리 및 가공에서 기인하는 유해물질

필기과목명	문제수	주요항목	세부항목	세세항목
		6. 식품위생관리	1. HACCP, 제조물책임법(PL) 등	1. HACCP, 제조물책임법의 개념 및 관리
			2. 개인위생관리	1. 개인위생관리
			3. 조리장의 위생관리	1. 조리장의 위생관리
		7. 식품위생관련법규	1. 식품위생관련법규	1. 총칙
				2. 식품 및 식품첨가물
				3. 기구와 용기 · 포장
				4. 표시
				5. 식품등의 공전
				6. 검사 등
				7. 영업
				8. 조리사 및 영양사
				9. 시정명령 · 허가취소 등 행정제재
				10. 보칙
				11. 벌칙
			2. 농수산물의 원산지 표시에 관한 법규	1. 총칙
				2. 원산지 표시 등
		8. 공중보건	1. 공중보건의 개념	1. 공중보건의 개념
			2. 환경위생 및 환경오염	1. 일광
				2. 공기 및 대기오염
				3. 상하수도, 오물처리 및 수질오염
				4. 소음 및 진동
				5. 구충구서
			3. 산업보건 및 감염병 관리	1. 산업보건의 개념과 직업병 관리
				2. 역학 일반
				3. 급만성감염병관리
			4. 보건관리	1. 보건행정
				2. 인구와 보건
				3. 보건영양
				4. 모자보건, 성인 및 노인보건
				5. 학교보건

필기과목명	문제수	주요항목	세부항목	세세항목
		9. 식품학	1. 식품학의 기초 2. 식품의 일반성분	1. 식품의 기초식품군 1. 수분 2. 탄수화물 3. 지질 4. 단백질 5. 무기질 6. 비타민
			3. 식품의 특수성분	1. 식품의 맛 2. 식품의 향미(색, 냄새) 3. 식품의 갈변 4. 기타 특수성분
			4. 식품과 효소	1. 식품과 효소
		10. 조리과학	1. 조리의 기초지식	1. 조리의 정의 및 목적 2. 조리의 준비조작 3. 기본조리법 및 다량조리기술
			2. 식품의 조리원리	1. 농산물의 조리 및 가공 · 저장 2. 축산물의 조리 및 가공 · 저장 3. 수산물의 조리 및 가공 · 저장 4. 유지 및 유지 가공품 5. 냉동식품의 조리 6. 조미료 및 향신료
		11. 급식	1. 급식의 의의 2. 영양소 및 영양섭취기준, 식단작성 3. 식품구매 및 재고관리 4. 식품의 검수 및 식품감별 5. 조리장의 시설 및 설비 관리 6. 원가의 의의 및 종류	1. 급식의 의의 1. 영양소 및 영양섭취기준, 식단 작성 1. 식품구매 및 재고관리 1. 식품의 검수 및 식품감별 1. 조리장의 시설 및 설비 관리 1. 원가의 의의 및 종류 2. 원가분석 및 계산

실기시험 원서접수

* 접수기간 내에서 인터넷을 이용하여 원서 접수
  – 비회원의 경우 우선 회원 가입
  – 반드시 사진을 등록 후 접수

* 필기시험 합격(예정)자 응시자격 서류 제출 및 심사
  – 대상 : 응시자격이 제한된 종목(기술사, 기능장, 기사, 산업기사, 전문사무 일부 종목)
  – 필기시험 접수지역과 관계없이 우리공단 지역본부 및 지사에 응시자격서류 제출
  – 기술자격취득자(필기시험일 이전 취득자) 중 동일직무분야의 동일등급 또는 하위 등급의 종목에 응시할
    경우 응시자격서류를 제출할 필요가 없음
  – 응시자격서류를 제출하여 합격처리된 사람에 한하여 실기시험접수가 가능함

* 필기시험 면제자 제출 서류
  – 기능경기대회 입상자로서 필기시험 면제자 입상 확인서(전산조회가 가능한 경우 입상 확인서 미제출)

* 국방부 시행 국가기술자격검증 필기시험에 합격하고, 전역 후 우리공단에서 시행하는 당회 종목
  의 필기시험을 면제받고자 하는 자
  – 필기합격확인서 제출

* 국가기술자격법 시행규칙 제18조에 의한 필기시험면제 대상자
  – 공공교육훈련기관 : 해당 교육훈련기관장이 확인한 서류
  – 학원 등 사설교육훈련기관: 해당 교육훈련기관장 및 위탁기관장이 확인한 서류와 감독기관 또는 지방노
    동관서장이 확인한 서류
  – 우선선정직종 훈련기관 : 해당 교육훈련기관장 및 우선선정직종훈련을 관할하는 공단 소속기관장이 확
    인한 서류(자세한 사항은 우리공단 지역본부 및 지사로 문의)

* 실기시험 시험일자 및 장소 안내
  – 접수시 수험자 본인 선택
  – 먼저 접수하는 수험자가 시험일자 및 시험장 선택의 폭이 넓음

번호	재료명	규격	단위	수량	비고
1	가위	조리용	EA	1	시험장에서도 준비되어 있음
2	계량스푼	사이즈별	SET	1	
3	계량컵	200ml	EA	1	
4	공기	소	EA	1	
5	국대접	소	EA	1	
6	냄비	조리용	EA	1	위생복장을 제대로 갖추지 않을 경우는 감점 처리됩니다.
7	랩, 호일	조리용	EA	1	
8	소창 또는 면포	30×30cm 정도	EA	1	
9	쇠조리(혹은 채)	조리용	EA	1	
10	숟가락	스테인리스제	EA	1	
11	앞치마	백색(남녀 공용)	EA	1	
12	위생모 또는 머리 수건	백색	EA	1	
13	위생복	상의−백색, 하의−긴바지(색상무관)	벌	1	
14	위생 타월	면	매	1	
15	젓가락	나무젓가락 또는 쇠젓가락	EA	1	
16	종이컵	−	EA	1	
17	칼	조리용 칼, 칼집 포함	EA	1	
18	프라이팬	소형	EA	1	

*지참준비물의 수량은 최소 필요수량으로 수험자가 필요시 추가지참 가능합니다.

출제기준(실기)

직무 분야	음식 서비스	중직무 분야	조리	자격 종목	중식조리 기능사	적용 기간	2019. 1. 1. ~ 2019. 12. 31.

- 직무내용 : 중식조리분야에 제공될 음식에 대한 기초 계획을 세우고 식재료를 구매, 관리, 손질하여 맛, 영양, 위생적인 음식을 조리하고 조리기구 및 시설관리를 유지하는 직무
- 수행준거 : 1. 중식의 고유한 형태와 맛을 표현할 수 있다.
  2. 식재료의 특성을 이해하고 용도에 맞게 손질할 수 있다.
  3. 레시피를 정확하게 숙지하고 적절한 도구 및 기구를 사용할 수 있다.
  4. 기초조리기술을 능숙하게 할 수 있다.
  5. 조리과정이 위생적이고 정리정돈을 잘 할 수 있다.

실기검정방법	작업형	시험시간	70분 정도

실기과목명	주요항목	세부항목	세세항목
중식조리 작업	1. 기초조리작업	1. 식재료별 기초손질 및 모양썰기	1. 식재료를 각 음식의 형태와 특징에 알맞도록 손질할 수 있다.
	2. 전채요리	1. 오징어 냉채 조리하기	1. 주어진 재료를 사용하여 요구사항대로 오징어 냉채를 조리할 수 있다.
		2. 해파리 냉채 조리하기	1. 주어진 재료를 사용하여 요구사항대로 해파리 냉채를 조리할 수 있다.
		3. 양장피 잡채 조리하기	1. 주어진 재료를 사용하여 요구사항대로 양장피 잡채를 조리할 수 있다.
		4. 기타 조리하기	1. 기타 전채요리를 조리할 수 있다.
	3. 튀김요리	1. 라조기 조리하기	1. 주어진 재료를 사용하여 요구사항대로 라조기를 조리할 수 있다.
		2. 깐풍기 조리하기	1. 주어진 재료를 사용하여 요구사항대로 깐풍기를 조리할 수 있다.
		3. 난자완스 조리하기	1. 주어진 재료를 사용하여 요구사항대로 난자완스를 조리할 수 있다.
		4. 새우케찹볶음 조리하기	1. 주어진 재료를 사용하여 요구사항대로 새우케찹볶음을 조리할 수 있다.

실기과목명	주요항목	세부항목	세세항목
		5. 홍쇼두부 조리하기	1. 주어진 재료를 사용하여 요구사항대로 홍쇼두부를 조리할 수 있다.
		6. 탕수육 조리하기	1. 주어진 재료를 사용하여 요구사항대로 탕수육을 조리할 수 있다.
		7. 탕수생선 조리하기	1. 주어진 재료를 사용하여 요구사항대로 탕수생선을 조리할 수 있다.
		8. 짜춘권 조리하기	1. 주어진 재료를 사용하여 요구사항대로 짜춘권을 조리할 수 있다.
		9. 기타 조리하기	1. 기타 튀김요리를 조리할 수 있다.
	4. 볶음요리	1. 채소볶음 조리하기	1. 주어진 재료를 사용하여 요구사항대로 채소볶음을 조리할 수 있다.
		2. 마파두부 조리하기	1. 주어진 재료를 사용하여 요구사항대로 마파두부를 조리할 수 있다.
		3. 고추잡채 조리하기	1. 주어진 재료를 사용하여 요구사항대로 고추잡채를 조리할 수 있다.
		4. 부추잡채 조리하기	1. 주어진 재료를 사용하여 요구사항대로 부추잡채를 조리할 수 있다.
		5. 경장육사 조리하기	1. 주어진 재료를 사용하여 요구사항대로 경장육사를 조리할 수 있다.
		6. 기타 조리하기	1. 기타 볶음요리를 조리할 수 있다.
	5. 밥류	1. 새우볶음밥 조리하기	1. 주어진 재료를 사용하여 요구사항대로 새우볶음밥을 조리할 수 있다.
	6. 딤섬류	1. 딤섬 조리하기	1. 주어진 재료를 사용하여 요구사항대로 딤섬을 조리할 수 있다.
	7. 수프류	1. 새우완자탕 조리하기	1. 주어진 재료를 사용하여 요구사항대로 새우완자탕을 조리할 수 있다.
		2. 달걀탕 조리하기	1. 주어진 재료를 사용하여 요구사항대로 달걀탕을 조리할 수 있다.
		3. 기타 조리하기	1. 기타 수프류를 조리할 수 있다.

실기과목명	주요항목	세부항목	세세항목
	8. 면류	1. 물만두 조리하기	1. 주어진 재료를 사용하여 요구사항대로 물만두를 조리할 수 있다.
		2. 울면 조리하기	1. 주어진 재료를 사용하여 요구사항대로 울면을 조리할 수 있다.
		3. 유니자장면 조리하기	1. 주어진 재료를 사용하여 요구사항대로 유니자장면을 조리할 수 있다.
		4. 기타 조리하기	1. 기타 면류를 조리할 수 있다.
	9. 찜류	1. 찜조리하기	1. 주어진 재료를 사용하여 요구사항대로 증교자를 조리할 수 있다.
	10. 조림류	1. 조림 조리하기	1. 주어진 재료를 사용하여 요구사항대로 조림을 조리할 수 있다.
	11. 후식류	1. 빠스고구마 조리하기	1. 주어진 재료를 사용하여 요구사항대로 빠스고구마를 조리할 수 있다.
		2. 빠스옥수수 조리하기	1. 주어진 재료를 사용하여 요구사항대로 빠스옥수수를 조리할 수 있다.
		3. 기타 조리하기	1. 기타 후식류를 조리할 수 있다.
	12. 담기	1. 그릇 담기	1. 적절한 그릇에 담는 원칙에 따라 음식을 모양있게 담아 음식의 특성을 살려낼 수 있다.
	13. 조리작업관리	1. 조리작업, 안전, 위생 관리하기	1. 조리복·위생모 착용, 개인위생 및 청결상태를 유지할 수 있다.
			2. 식재료를 청결하게 취급하며 전 과정을 위생적이고 안전하게 정리정돈하고 조리할 수 있다.

■ 저자 소개

한재원
현) 정화예술대학교 외식산업학부 교수
강릉영동대학교 호텔조리과 졸업
중국북경공상대학교 호텔관리전공 조리학과 졸업
경기대학교 관광전문대학원 외식산업경영학과 석사
경기대학교 외식조리관리학과 관광학 박사
원광보건대학교 외식조리산업과 교수
신성대학교 호텔식품계열 겸임교수
한국산업인력공단 조리기능사 실기시험감독위원
대한민국 국제요리경연대회, FOOD AND TABLE경연대회, 빛고을향토음식경연대회 심사위원
전북음식문화대전 심사위원장
쉐라톤워커힐 조리사 재직
한국음식문화전략연구원 이사
2011년 대한민국요리대경연대회 보건복지부장관상 수상
저서 : 초보자를 위한 중국조리입문, 꼭 알아야 할 기초중식요리
논문 : 호텔 중식주방 한·중조리종사원의 갈등요인 분석에 관한 연구 외 다수

김덕한
현) 대덕대학교 호텔외식조리과 교수
세종대학교 생명식품공학과 석사
세종대학교 조리외식경영학과 조리학 박사
그랜드인터콘티넨탈호텔 조리부 주임
삼성 웰스토리 중식 자문위원
한국산업인력관리공단 중식조리 실기 심사위원

장상준
현) 계명문화대학교 식품영양조리학부 교수
경기대학교 박사수료
조리기능장
호텔리츠칼튼서울 조리장
2003년 오스트리아 국제요리대회 금상
2007년 아시아 국제요리대회 금상
2009년 보건복지가족부장관상 수상
2011년 터키 국제요리대회 동상
2012년 고용노동부장관상 수상

저자와의
합의하에
인지첩부
생략

중식조리

2019년 3월 10일 초판 1쇄 발행
2019년 4월 20일 초판 2쇄 발행

지은이 한재원 · 김덕한 · 장상준
펴낸이 진욱상
펴낸곳 (주)백산출판사
교 정 편집부
본문디자인 편집부
표지디자인 오정은

등 록 2017년 5월 29일 제406-2017-000058호
주 소 경기도 파주시 회동길 370(백산빌딩 3층)
전 화 02-914-1621(代)
팩 스 031-955-9911
이메일 edit@ibaeksan.kr
홈페이지 www.ibaeksan.kr

ISBN 979-11-88892-10-5   93590
값 20,000원